Abhandlungen
der Bayerischen Akademie der Wissenschaften
Mathematisch-naturwissenschaftliche Abteilung
XXXI. Band, 2. Abhandlung

Ergebnisse der Forschungsreisen Prof. E. Stromers in den Wüsten Ägyptens

V. Tertiäre Wirbeltiere

1. Beiträge zur Kenntnis der Krokodilier des ägyptischen Tertiärs

von

Lorenz Müller

Mit 2 Tafeln, 1 Doppeltafel und 4 Maßtabellen

Vorgelegt am 12. Juni 1926

München 1927
Verlag der Bayerischen Akademie der Wissenschaften
in Kommission des Verlags R. Oldenbourg München

Einleitung.

Das fossile Material, das dieser Arbeit zu Grunde liegt, wurde teils von Herrn Prof. Dr. STROMER V. REICHENBACH selbst, teils von dem verstorbenen Sammler MARKGRAF zusammengebracht und befindet sich in der Paläontologischen Sammlung des bayer. Staates in München, der württembergischen Naturaliensammlung in Stuttgart, dem Senckenbergischen Museum in Frankfurt a. M., sowie [in den Sammlungen der Paläontologischen Institute zu Tübingen und zu Freiburg i. B. Für die Überlassung desselben bin ich den Herren Prof. Dr. BROILI und Prof. Dr. STROMER V. REICHENBACH in München, dem leider so früh verstorbenen Prof. Dr. E. FRAAS in Stuttgart, den Herren Geheimrat Prof. Dr. O. ZUR STRASSEN und Prof. Dr. DREVERMANN in Frankfurt a. M., Herrn Prof. Dr. HENNIG in Tübingen und Herrn Geheimrat Prof. Dr. DEECKE in Freiburg i. B. zu großem Dank verpflichtet. Besonders danke ich aber Herrn Prof. STROMER, der mich zu dieser Arbeit angeregt hat, für die vielfache Unterstützung, die er mir während der Arbeit durch Hinweise auf Literatur und seinen wertvollen Rat angedeihen ließ.

Die Literatur über die *Crocodiliden* des ägyptischen Tertiärs ist nicht besonders reich. Es existieren nur zwei größere Arbeiten: „C. W. Andrews, A descriptive Catalogue of the tertiary Vertebrata of the Fajûm, Egypt, London 1906" und „R. Fourteau, Contribution à l'étude des vertébrés miocènes de l'Egypte, Cairo 1918". Außer diesen beiden Hauptarbeiten finden wir nur einige vorläufige Mitteilungen über tertiäre ägyptische *Crocodiliden* in der Literatur. Von ANDREWS wurden 3 *Tomistoma*-Arten und 2 *Crocodilus*-Arten beschrieben, von FOURTEAU je eine *Tomistoma*- und *Crocodilus*-Art. Es sind: *Tomistoma kerunense Andrews* aus der Birket el Qerun-Stufe, Obereocän, *T. africanum Andrews* aus der Qasr es Sagha-Stufe, Obereocän, *T. gavialoides Andrews* aus der Gebel el Qatrani-Stufe, Unteroligocän, *T. dowsoni Fourteau* aus dem Untermiocän von Moghara, *Crocodilus articeps Andrews* aus der Gebel el Qatrani-Stufe, Unteroligocän, *Cr. megarhinus Andrews* aus der gleichen Stufe und *Cr. lloydi Fourteau* aus dem Untermiocän von Moghara. Ferner wurden nicht bestimmbare *Crocodilus*-Reste von ANDREWS aus der Qasr es Sagha-Stufe erwähnt und von FOURTEAU ein Stück einer Mandibel eines nicht determinierbaren *Gavialis* aus dem Untermiocän von Moghara beschrieben und abgebildet.

Da das mir zur Verfügung stehende Material ein reiches ist, bin ich im Stande, unsere Kenntnis der ägyptischen *Crocodiliden* wesentlich zu erweitern. Es konnten nicht nur weit vollständigere Reste von *T. africanum* und *Cr. megarhinus* als die, welche ANDREWS vorlagen, beschrieben, sondern auch zwei neue Formen veröffentlicht werden. Es sind dies *T. cairense* aus dem unteren (weißen) Mokattam von Kairo, Mitteleocän und *T. tenuirostre* aus der Gebel el Qatranistufe, Unteroligocän. Außerdem konnten aus dem

1*

4

Mittelpliocän des Uadi Natrun unbestimmbare Reste, sowohl einer *Tomistoma-* als auch einer *Crocodilus*-Art nachgewiesen werden, worauf auch Prof. Stromer schon hingewiesen hat (Zeitschr. d. Geol. Ges., Bd. 54, 1902, briefl. Mitt. p. 109).

Die Arbeit wurde schon vor dem Kriege begonnen und war ursprünglich viel umfangreicher geplant. Sie sollte eine Revision der fossilen circummediterranen *Tomistoma*- und *Crocodilus*-Arten und der mit ihnen im Zusammenhang stehenden mitteleuropäischen Arten dieser Gattungen umfassen und es sollte ferner darin der Versuch gemacht werden, die phyletischen Beziehungen der als aufrechterhaltbar befundenen Formen zu ermitteln.

Um dieses Ziel zu erreichen, wären jedoch genaue vergleichende Studien eines umfangreichen Skelettmaterials rezenter Krokodilier unter sorgfältiger Berücksichtigung der Veränderungen, welche besonders der Schädel im Verlaufe des Wachstums des Individuums erleidet, sowie eingehende Untersuchungen über allenfallsige und individuelle Variationen notwendig gewesen.

In meinen „Beiträge zur Herpetologie Kameruns" (Abh. bayer. Ak. Wiss., II. Kl., XXIV, Abt. III, p. 618) habe ich bereits darauf aufmerksam gemacht, daß der Schädel der Krokodilier im Verlauf des Wachstums des Individuums sich zweimal in seinen Proportionen ändert. Spätere Untersuchungen an einem reicheren Material ergaben ferner, daß auch mit einer geographischen und einer individuellen Variation gerechnet werden muß, und daß die letztere bei einzelnen Teilen des Skelettes eine ziemlich erhebliche sein kann. Einige Ergebnisse dieser Untersuchungen habe ich in einer Arbeit: „Beiträge zur Osteologie der rezenten Krokodilier" (Zeitschrift für Morphologie und Oekologie der Tiere, II, ³/₄ H., pp. 427—460) niedergelegt. Während meiner Arbeiten drängte sich mir jedoch die Uberzeugung auf, daß auch das beträchtliche osteologische Material von Krokodiliern, das sich in der Münchener Zoologischen Staatssammlung befindet, noch nicht ausreicht, um die Variationsmöglichkeiten der einzelnen Teile des Krokodilier-Skeletts so genau zu studieren, daß es möglich wäre, auf Grund der gewonnenen Ergebnisse den systematischen Wert der bisher beschriebenen fossilen Krokodilreste richtig zu beurteilen. Wenn man bedenkt, daß die allerwenigsten fossilen Schädelreste so gut erhalten sind, daß man sich ein richtiges Bild von ihrer ehemaligen Gestalt machen kann, und daß durch den Gesteinsdruck nicht nur die Form des Gesamtschädels, sondern auch manchmal die seiner einzelnen Elemente verändert wird; wenn man ferner bedenkt, daß die Größe eines Schädels oder eines sonstigen Skeletteiles nicht unbedingt auch einen Schluß auf das Alter des betreffenden Individuums gestattet, wird man ohne weiteres zugeben müssen, daß eine Revision der fossilen Crocodiliden nur nach einem eingehenden Studium eines sehr großen Materials rezenter Krokodile möglich sein kann.

Vor dem Kriege bestand die begründete Hoffnung, in einer relativ kurzen Zeit ein solches Skelettmaterial für die Münchener Zoologische Staatssammlung zusammenzubringen; das hierin bereits erreichte bezeugt die Richtigkeit dieser Behauptung. Der verlorene Krieg, der Verlust unserer Kolonien und unserer ausländischen Verbindungen, der Tod oder die Verarmung ehemaliger Gönner usw. haben aber einen weiteren raschen Ausbau der bereits vorhandenen Krokodilier-Sammlung unmöglich gemacht. Um nun die Veröffentlichung der nun schon seit langer Zeit in ihrem rein deskriptiven Teil nahezu fertig daliegenden Arbeit nicht noch länger hinauszuziehen, habe ich mich entschlossen, auf die geplante eingehende Revision der bisher beschriebenen mediterranen und mitteleuropäischen

Crocodilus- und *Tomistoma*-Arten zu verzichten umd mich auf eine gedrängte kritische Übersicht der bisher bekannten fossilen *Tomistoma*-Arten und der ägyptischen fossilen *Crocodilus*-Arten zu beschränken.

Wenn schon aus den obenerwähnten Gründen ein ausführliches Kapitel über die Variationen des Skeletts der rezenten Krokodile in dieser Arbeit zum Wegfall kommt und die diesbezüglichen Arbeiten bis zu einem günstigeren Zeitpunkt aufgeschoben werden müssen, hielt ich es doch für notwendig, wenigstens in Kürze auf die Umformung, die der Schädel der rezenten *Tomistoma schlegeli* im Verlauf des Wachstums des Individuums erleidet, einzugehen. Und zwar soll dies unter möglichster Vermeidung langatmiger Beschreibungen geschehen. Ich habe daher auf photographischem Wege eine Anzahl von Schädeln von *T. schlegeli* — vom ganz jungen Tier angefangen bis zu einem uralten Riesenexemplar — in annähernd derselben Größe abgebildet und auf einer Tafel zusammengestellt. Es wird in der paläontologischen Literatur sehr viel Wert darauf gelegt, ob die Schnauze eines langschnauzigen *Crocodiliden* sich rascher oder allmählicher verjüngt, ob der Schädel graziler oder massiver, ob die Skulptur stark oder schwach ausgeprägt ist usw.; aus der von mir zusammengestellten Tafel ist leicht ersichtlich, daß alle diese Merkmale nur unter gewissen Bedingungen von Wert sind. Aus dieser Tafel wird jeder Paläontologe mit absoluter Deutlichkeit ersehen können, daß die Merkmale für verschiedene Altersstadien wechseln, daß man also immer gleichalte Tiere mit einander vergleichen müßte (nicht aber nur gleichgroße, da es sowohl Arten gibt, die sehr groß werden, als auch solche, die klein bleiben), um zu einwandfreien Ergebnissen zu gelangen. Nun ist es aber sehr schwer, einem fossilen Rest anzusehen,, ob er einem sehr alten Exemplar, bei dem die Umformung des Schädels bereits abgeschlossen ist, angehörte oder einem zwar ebenfalls schon sehr stattlichen, aber noch nicht am Endpunkt seiner Entwicklung stehenden Exemplar. Es ergibt sich hieraus für jeden ernsthaften Paläontologen die zwingende Notwendigkeit, bei der Beschreibung eines fossilen Restes auf alle Eventualitäten zu achten und keine neue Art auf unvollkommene und dabei wenig charakteristische Reste zu basieren. Zur Ergänzung der Tafel, die von einer kurzen Tafelerklärung begleitet sein soll, füge ich dann noch einige Maßtabellen von *Tomistoma schlegeli*, *Gavialis gangeticus* und einiger *Crocodilus*-Arten bei, die ebenfalls die Variation des Schädels vor Augen führen dürften.

Ich hoffe daher, daß die vorliegende Arbeit nicht nur ihren speziellen Zweck erfüllen, sondern auch sich darüber hinaus nützlich erweisen wird.

A. Unterer (weisser) Mokattam.

(Rein marines Mittel-Eocän, Lutetien.)

Reste nur in der württemb. Naturaliensammlung in Stuttgart vorhanden.

Tomistoma cairense nov. spec.

Schädel ohne Unterkiefer.

Württemb. Naturaliensammlung, Stuttgart.   Unterer (weißer) Mokattam bei Kairo.   Markgraf leg.

Taf. II, Figs. 1a, 1b, 1c.

Typus der Art.

Prof. Fraas hatte bereits erkannt, daß es sich bei den *Tomistoma*-Resten aus dem weißen Mokattam um eine neue Art handelt und denselben eine Etikette mit der Aufschrift: „*Tomistoma cairense*" beigelegt. Diesen Namen möchte ich aus Pietät für den Verstorbenen beibehalten.

Erhaltungszustand: Die Unterseite ist etwas zerdrückt. Der vordere Teil der Praemaxillen fehlt und die linke Seite des Cranial- und Orbital-Segments ist stark beschädigt. Hier fehlt der seitliche Rand der hinteren Maxillarpartie, der ganze hintere Teil des Jugale und der untere Rand des vorderen Teiles desselben; desgleichen sind das Quadratojugale, das Quadratum, ein Teil des Exoccipitale, die Hinterecke des Pterygoids und das Transversum zerstört.

Allgemeiner Habitus. Ähnlich dem Schädel eines mittelgroßen *Tomistoma schlegeli S. Müll.* Wie bei diesem verschmälert sich die Schnauze ganz allmählich. Keine wesentliche Verbreiterung in der Gegend des fünften Maxillarzahns. Form der Orbitae wie bei *T. schlegeli*. Supratemporalgruben mäßig groß, nicht wesentlich größer als bei der rezenten Art. Interorbitalspatium schmal, Palatingruben langgestreckt. Die Hauptunterschiede von *T. schlegeli* sind folgende: Die Schnauze ist bei *T. cairense* mehr flachgedrückt, das Interorbitalspatium mehr ausgehöhlt und die Ränder der Orbitae mehr aufgeworfen. Besonders erscheint der obere Rand des Jugale kammartig erhöht. Die Gelenkflügel des Schädels sind verhältnismäßig länger und stärker nach außen gerichtet.

Genaue Beschreibung: Occipitalfläche und Hinterhauptsflügel. Die bemerkenswert niedere Hinterhauptsfläche fällt steil ab (wenn auch nicht ganz so steil, wie bei *T. schlegeli*) — und ist etwas ausgehöhlt. Der obere Rand des querovalen Foramen magnum fehlt, weshalb sich seine ursprüngliche Gestalt nur mehr annähernd feststellen läßt. Condylus occipitalis weit nach hinten vorspringend, fast so lang als breit, und oben mit einer tiefen Furche versehen. Der unterhalb desselben gelegene Teil des Basioccipitale ist schmal, ohne Mittelkiel, sonst aber wie bei *T. schlegeli* geformt. Mit seiner mittleren Spitze ragt das Basioccipitale über die beiden mittleren Knorren der Pterygoide vor. Das Supraoccipitale hat einen Mittelkiel und ist beiderseits desselben leicht konkav; ob es auf die Oberseite des Schädeldaches übergriff, läßt sich nicht mehr feststellen. Die obere Profillinie der Hinterhauptsfläche verläuft gerade und ist nur über dem Supraoccipitale etwas eingebuchtet; die des Kammes, welchen das Squamosum auf dem Hinterhauptsflügel bildet, läßt sich wegen der Beschädigung dieses Teiles nicht mehr feststellen. Die obere Profillinie des auswärts vom Squamosalknorren gelegenen Teiles des Quadratums senkt sich leicht nach unten und ist ein wenig konkav. Die untere Profillinie der Hinterhauptsfläche biegt sich jederseits vom Condylus erst etwas nach oben, neigt sich aber bald leicht nach unten und ist schwach konkav. Der unterste Punkt der Quadratgelenkfläche liegt nur wenig unter der Mitte des Condylus. Bei *T. schlegeli* ist der Hinterhauptsflügel stark nach hinten gedreht und nach unten geneigt und seine untere Profillinie ist stark konkav. Der Condylus occipitalis liegt bei ihm über dem tiefsten Punkt des Quadratgelenks.

Der vom Quadratojugale, Squamosum und Quadratum gebildete Gelenkflügel ist stark nach hinten ausgezogen und relativ schmal. Seine Länge (vom Hintereck des Cranialsegments bis zur äußeren Ecke des Quadratgelenkcondylus gemessen) ist annähernd gleich der vorderen Breite des Cranialsegments. Die Gelenkfläche selbst ist bei diesem Schädel etwas abgerollt, nur ganz leicht schräg nach hinten und innen orientiert und geradlinig (also nicht gesattelt). Wie bei *T. schlegeli* wird die größte Schädelbreite nicht durch die Außenecken der beiden Quadratgelenkflächen, sondern durch die Entfernung der beiden seitlich am meisten vorspringenden Punkte der Quadratojugalia fixiert. Eine Knochengrenze zwischen Jugale und Quadratojugale ist nicht sichtbar, die von Quadratojugale und Quadratum nur außen eine kurze Strecke weit nachweisbar. Der durch den hinteren Sqamosalflügel und den Seitenflügel des Exoccipitale gebildete, dem Quadratum aufliegende Knochenkamm ist sehr weit nach hinten ausgezogen und endet in Gestalt eines steil nach unten abfallenden Knorrens. Seine Oberseite (fast der gesamte Squamosalteil) ist stark beschädigt. Die Länge dieses Kammes ist fast so lang als die Längsseite des Cranialsegments. Der Postorbitalpfeiler ist nicht genügend aus der Gesteinsmasse herausgearbeitet, um eine genaue Beschreibung zu gestatten, doch kann man erkennen, daß er seitlich abgeplattet ist, der Oberrand des Cranialsegments über ihn vorspringt und daß sein unterer Teil sich innen am Jugale ansetzt. Die Form der Postorbitalgrube läßt sich nicht genau feststellen, da sie teils mit Gesteinsmasse erfüllt ist, teils ihre Ränder stark angewittert sind. Sie scheint länglich oval und ziemlich von der gleichen Form, wie bei *T. schlegeli* gewesen zu sein. Die Spina quadratojugalis ist verwittert.

Schädeldach. Das eigentliche Cranialsegment ist im Verhältnis zum Gesichts- und Schnauzenteil mäßig groß, es steht etwa in demselben Verhältnis zu ihnen, wie dies bei *T. schlegeli* der Fall ist. Seine Gestalt dagegen ist insofern eine etwas andere wie bei der rezenten Art, als es vorn weniger verschmälert ist. Der Abstand seiner beiden Hinterecken von einander ist etwas größer als der seiner Vorderecken (Verhältnis etwa 9 zu 8). Das Cranialsegment erscheint konkav, indem es sich sowohl zwischen dem Hinterrand des Supraoccipitale und der Gegend des Hinterrandes des Frontale, als auch zwischen den äußeren Rändern der Supratemporalgruben nach der Mitte zu einsenkt; der Knochensteg zwischen den Supratemporalgruben liegt also am tiefsten, der hintere Teil des Parietale ist aufgewulstet und das Frontale bildet mit seinem hinteren Teile einen Buckel. Die äußeren Partien des Cranialsegments dagegen liegen nahezu in einer Horizontalebene. Die mittelgroßen Supratemporalgruben sind nahezu rund und bilden nur vorn und außen eine nicht allzudeutliche, nahezu rechtwinklige Ecke. Ihre Innen-, Vorder- und Hinterränder sind aufgewulstet, die äußeren nicht; die Aufwulstung der Innenränder ist am stärksten ausgeprägt. Die beiden Außenränder des Cranialsegments sind schwach konvex, der Hinterrand beiderseits des in leicht konvexer Linie etwas nach hinten vorspringenden Parietale schwach konkav. Da die Knochennähte nicht erkennbar und die Supratemporalgruben mit Gesteinsmasse ausgefüllt sind, läßt sich sonst über das Cranialsegment nichts aussagen.

Gesichtsteil. Das Orbitalsegment ist kürzer als das Cranialsegment. Der Abstand von einer Vorderecke des Cranialteiles (Außenecke des Postfrontale) bis zur Vorderecke der Orbita verhält sich zur Länge des Cranialsegments wie 5 zu 8, wobei noch zu bedenken ist, daß die Längsachsen der Augen convergieren. Die Orbitae sind länglich eiförmig und vorn nicht ganz so spitz ausgezogen, wie bei *T. schlegeli*. Die Convergenz ihrer Längsachsen kommt in der Hauptsache daher, daß die vordere Hälfte ihrer Innenränder sich nur ganz wenig nach außen wendet. Die Vorderecken der beiden Orbitae stehen daher weit weniger von einander ab als bei *T. schlegeli* und das Interorbitalspatium ist vorn weit weniger verbreitert als bei der rezenten Art. Es ist stark konkav, so daß die Innenränder der Orbitae aufgeworfen erscheinen. Noch stärker aufgeworfen ist der Rand ihrer Vorderecken und ihr Außenrand, der am vorderen Teil des Jugale eine hohe Crista bildet, dann aber allmählich abfällt. In der Region des Cranialpfeilers ist der Oberrand des Jugale wieder normal geworden. Ein steiles Abfallen des erhöhten Seitenrandes — wie bei Gavialis — findet also nicht statt. Das Jugale ist unter seiner erhöhten Partie etwas konkav, in seinem hinteren, nicht erhöhten Teil aber nicht rund, wie bei Gavialis, sondern seitlich zusammengedrückt wie bei *T. schlegeli* und verhältnismäßig schmal. Die Profillinie des Cranialsegments bildet mit der des Orbitalsegments einen stumpfen Winkel. Sie steigt bei dem ersteren von hinten nach vorn an und fällt bei dem letzteren etwa von dem Beginn des hintersten Drittels der Orbita an nach vorn ab.

Schnauzenteil. Die Schnauze ist flacher wie bei *T. schlegeli*, verjüngt sich aber wie bei diesem ganz allmählich. Die Zahnalveolen sind mehr schräg seitwärts gerichtet wie bei der rezenten Art; auch springen ihre Ränder nicht so stark vor wie bei dieser. Auf der Mittellinie der Schnauzenbasis befindet sich eine Erhöhung, die zwischen den Augenhöhlen beginnt, aber nur relativ kurz ist (etwa so lang, als der Längsdurchmesser der Orbita). Rechts und links von diesem erhöhten Längswulst ist die Schnauze sehr flach, kaum merklich nach unten umgebogen. Der übrige Teil der Schnauze ist gleichmäßig flach.

Wie bereits bemerkt sind die Nähte an dem Schädel kaum sichtbar; indes lassen sich einige wichtige Nähte wenigstens noch spurweise erkennen. Vor allem die zwischen den Nasalien und den Maxillen. Die Nasalia lassen sich auf eine Länge von etwa 23 cm nach vorn verfolgen. Dort scheint ihre vordere Grenze zu sein. Leider läßt sich aber keine Spur einer Praemaxillo-Maxillarsutur mehr entdecken, so daß sich die Berührung der Praemaxillen mit den Nasalien nicht mehr feststellen läßt. An der Schnauzenbasis schiebt sich, wie bei *T. schlegeli*, die Spitze des Frontale zwischen die Nasalia ein. Sie ist jedoch nur sehr kurz (etwa 12 mm lang). Das Praefrontale scheint ebenso gestaltet, aber relativ kleiner gewesen zu sein als das der rezenten Art. Auch die Naht der mittleren Hinterkante des Frontale ist teilweise sichtbar. Sie verläuft nicht ganz so dicht bei den Schläfengruben, wie bei *T. schlegeli*.

Unterseite. Die Palatingegend ist vor den Pterygoiden abgebrochen und gegen das Schädeldach gedrückt. Das rechte Pterygoid ist vollständig erhalten, das rechte Foramen palatinum fast unverändert, das rechte Transversum zwar erhalten, aber zerdrückt. Die Palatina sind in ihrem vorderen Teil gut erhalten, ebenso die hintere Hälfte der Unterseite des Rostrums. Die Gaumenlöcher sind mit Gesteinsmasse erfüllt, auch zwischen den Pterygoiden, dem Transversum und dem Schädeldach befindet sich Gesteinsmasse. Die

Zahnalveolen sind abgerollt, nur auf der rechten Seite ist vorn noch ein Zahn vorhanden. Der Durchschnitt des Rostrums ist ein längliches Oval. Über die Mitte seiner Unterseite verlaufen zwei Längsrillen, die eigentliche Alveolarfläche ist nach oben und außen gerichtet. Die Palatingruben ähneln in der Form sehr denen von *T. schlegeli*; sie sind länglich oval, vorn spitz, hinten etwas stumpfer, ihre innere Kontur verläuft fast gerade. Ihre Länge verhält sich zu ihrer Breite ungefähr wie 8 zu 3. Die Palatina haben, soweit sich dies erkennen läßt, ungefähr dieselbe Form, wie bei *T. schlegeli*. Der auf dem Pterygoid aufliegende Flügel des Transversums ist etwas schmaler als bei *T. schlegeli*. Die Pterygoidea sind sehr ähnlich denen der letzteren Art. Die Choanen sind länglich oval. Von Nähten ist nur die Naht zwischen Pterygoid und dem Transversum sichtbar, die sehr ähnlich verläuft, wie bei *T. schlegeli*. Die Unterseite des Hinterhauptsflügels (Gelenkflügels) ist etwas stärker ausgehöhlt wie bei der rezenten Art; namentlich ist der aus dem Jugale und dem Quadratojugale bestehende Teil etwas mehr herabgezogen. Wesentlich ist dieser Unterschied indessen nicht.

Skulptur. Sehr ähnlich der von *T. schlegeli*. Auf dem Rostrum befinden sich grubige Längsnarben, auf dem Cranialteil Gruben wie bei der rezenten Art. Nur erscheinen auf dem hinteren Teil des Frontale Längsgruben, die ähnlich (aber nicht so stark ausgeprägt) wie bei Gavialis nach den Rändern der Orbiten ausstrahlen. Die Außenseite des Jugale ist bis zu ihrem hinteren Ende skulptiert; auch scheint das Quadratojugale skulptiert gewesen zu sein.

Fragmente von Schädel und Unterkiefer.

Württ. Naturaliensammlung, Stuttgart.   Unterer (weißer) Mokattam bei Kairo.   MARKGRAF leg. 1901.
Taf. II, Figs. 2a und 2b.

Bei diesem Schädel ist der Gesichtsteil total zerstört, vom Rostrum fehlt die Spitze mit der Nasalapertur und von der Mandibel die Spitze, fast der ganze rechte und ein großer Teil des linken Ramus.

Beschreibung. Um Wiederholungen zu vermeiden beschränke ich mich bei der Beschreibung dieses Restes nur auf das Wichtigste.

Cranialsegment und Hinterhauptsflügel. Erhalten, wenn auch teilweise defekt, ist hier das eigentliche Schädeldach, der linke Hinterhauptsflügel mit dem Kiefergelenk, ein großer Teil des Occiputs mit dem Condylus und dem Basioccipitale und das linke Transversum. Im großen und ganzen stimmt der Schädel mit dem zuerst besprochenen gut überein. Das Cranialsegment scheint vorn und hinten nahezu gleichbreit gewesen zu sein; sein Hinterrand bildet mit den Seitenrändern annähernd rechte Winkel, nur springt die linke (noch gut erhaltene) Hinterecke in Form eines Knorrens etwas vor. Auch bei diesem Schädel ist das Schädeldach in der Mitte etwas eingesenkt, indes ist das Frontale hinten etwas weniger aufgeworfen. Die Supratemporalgruben haben genau die gleiche Form, wie bei dem ersten Schädel, stehen aber etwas näher bei einander; indessen ist der zwischen ihnen liegende Teil des Parietale immer noch etwas breiter wie bei der rezenten *Tomistoma*-Art. Da der Hinterrand des Schädeldaches weniger abgerollt ist, als bei dem ersten Schädel, zeigt es sich, daß das Parietale (oder der in das Parietale von hinten her eingreifende obere Fortsatz des Supraoccipitale?) nach hinten über den Hinterrand des Schädeldachs vorspringt. Auch bei diesem Schädel ist die hintere Schädelwand konkav. Das Suppraoccipitale trägt auf seiner Hinterfläche eine senkrechte Mediancrista und zwei schräg von oben und außen nach unten und innen verlaufende Seitencristen. Rechts und links des Supraoccipitale scheint ein Loch vorhanden gewesen zu sein; die Nähte sind kaum zu sehen. Nur an seinem unteren Rand wird eine Grenzlinie etwas deutlicher sichtbar, unterhalb welcher man die Sutur der oberhalb des Foramen magnum zusammenstoßenden Exoccipitalia beobachten kann. Das Foramen magnum ist querverbreitert und hat die Form eines Dreiecks mit nach unten gerichteter Spitze. Sein oberer von den Exoccipitalien gebildeter Rand ist in Gestalt eines verrundet dreieckig vorspringenden Daches ausgezogen. Der Condylus ist nahezu doppelt so breit wie hoch, oben mit einer Hohlkehle versehen und mit gleichmäßig verrundeter (nicht median gefurchter) hinterer Gelenkfläche. Da die Suturlinien der Exoccipitalia an seiner Seitenbasis noch gut sichtbar sind, kann man erkennen, daß der eigentliche Gelenkkopf lediglich vom Basioccipitale gebildet wird. Der unterhalb des Condylus gelegene Teil des letzteren ist etwa so breit wie lang und hinten mit einem medianen Kiel versehen. Die Exoccipitalia sind rechts und links des unteren Basioccipitalteiles von hinten her sichtbar. Die Lage der Nervenlöcher ist anscheinend die gleiche wie bei *T. schlegeli*; das unterste ist nicht erkennbar. Bei dem relativ gut erhaltenen linken Hinterhauptsflügel fehlt leider der auf dem Exoccipitale aufliegende Teil des Squamosums. Indes läßt sich deutlich erkennen, daß der Exoccipital-Squamosalkamm des Hinterhauptsflügels an seiner Außenspitze mit einem fast senkrecht abfallenden, hohen und scharfen Knorren endete. Die hintere Unterkante des Hinterhauptsflügels ist nahezu wagrecht gestellt und fällt nur ganz wenig nach außen und unten ab, nur das Hinterende des Quadratums ist etwas mehr nach unten umgebogen. Die Gelenkfläche des Quadratums ist (von oben gesehen) leicht schräg von vorn und außen nach innen und hinten orientiert und von hinten betrachtet leicht schräg von außen und oben nach innen und unten gerichtet; sie ist nur ganz unbedeutend eingesattelt.

Schnauzenteil. Das Rostrum ist vor den Augenlöchern abgebrochen. Seine stark verwitterte Oberseite läßt die Nähte nur mehr spurweise erkennen. Auch die Unterseite ist teilweise verwittert. Es sind noch vier Zähne vorhanden.

Das Rostrum ist wie bei dem ersten Schädel abgeplattet. Seine Seitenwände fallen nicht senkrecht wie bei *T. schlegeli*, sondern schräg nach außen und unten ab. Die Nasalia erstreckten sich sehr weit nach vorn. Von den Nähten der Praemaxillen ist indes leider keine Spur zu entdecken.

Unterseite. Der zwischen den Augen liegende Teil des Frontale ist von unten sichtbar. Er zeigt die gleiche Rinne wie bei der rezenten Art. Der auf dem Pterygoid aufliegende Flügel des teilweise defekten Transversums hat im Großen und Ganzen dieselbe Form, wie bei *T. schlegeli*, ist aber etwas schwächer entwickelt. Die Palatingruben waren bei diesem Schädel hinten etwas mehr verrundet, als bei dem vorher besprochenen (allerdings war bei dem letzteren der Erhaltungszustand dieser Partie ein etwas schlechterer, so daß sich keine absolut sicheren Angaben machen ließen). Die Pterygoidea beteiligen sich in einer größeren Ausdehnung an der Umgrenzung des Hinterrandes der Palatingruben, als dies bei *T. schlegeli* der Fall ist und erscheinen auch im Verhältnis zu ihrer

Länge breiter als bei letzterem. Die Unterseite des Hinterhauptsflügels erscheint infolge der Umfaltung des hinteren Teiles des Jugale und des Quadratojugale konkav. Die Unter- und Innenseite des Quadratums hat unter und vor dem Doppelnervenloch eine Crista.

Da der ganze Gesichtsteil des Schädels zerstört ist, fehlt ein sehr wichtiger Teil auch der Unterseite. Indes läßt sich noch manches gut erkennen. Die Palatingruben enden vorn in einem sehr spitzen Winkel. Die Palatina sind sehr langgestreckt, sowie schlanker als bei *T. schlegeli*. Die beiden Einfurchungen auf der Unterseite des Rostrums sind unbedeutend, aber erkennbar. Die Alveolen sitzen auf einer leicht schräg nach außen und oben gerichteten Fläche und ihre Ränder springen nicht so stark vor wie bei *T. schlegeli*. Die Zähne sind etwas nach auswärts und ziemlich stark nach vorn gerichtet. Es hat den Anschein, als ob am hinteren Teil des Rostrums ganz schwache Interdentalgruben vorhanden gewesen seien, doch kann hierüber nichts absolut sicheres gesagt werden. An dem gerade verlaufenden Teil des Rostrums stehen die Zähne bedeutend weiter auseinander wie bei *T. schlegeli*, hinten dürfte der Zahnabstand bei beiden Arten etwa der gleiche sein.

Die Zähne selbst sind sehr lang, sehr schlank und mäßig stark gekrümmt. Ihr Querschnitt ist fast rund (also nicht komprimiert wie bei *T. schlegeli*) und ohne scharfe Kanten; ihr mit Schmelz bedeckter Teil ist deutlich längsgefurcht. So weit sich dies an den wenigen erhaltenen Zähnen feststellen läßt, waren sie nur wenig oder gar nicht differenziert.

Unterkiefer. Der Symphysenteil ist bedeutend schlanker als bei *T. schlegeli*. Seine Oberseite ist zwischen den Alveolarflächen absolut eben, die Alveolarregion fällt nach außen. und unten ab, so daß die Alveolen leicht schräg nach außen gerichtet sind. Hierdurch wird eine Auswärtskrümmung der Zähne bedingt; außerdem sind diese im vorderen Symphysenteil schräg nach vorn gerichtet. Die Außenkonturlinie der Symphyse erscheint infolge der stark seitlich vortretenden Alveolenränder stark gewellt (im Gegensatz zu *T. schlegeli*, wo sie fast gerade ist) und zeigt nach dem sechsten Zahne (vom Beginn der Symphyse ab gerechnet) eine leichte, zwei Alveolen-Intervalle lange Einschnürung, der wieder eine Verbreiterung folgt. Wie im Oberkiefer stehen auch im vorderen Symphysenteil die Zähne weiter auseinander wie bei der rezenten Art. Auf dem verschmälerten Teil (zwischen dem sechsten und achten Zahn von der Symphyse ab gerechnet) beträgt der Abstand 33 mm bei einer interalveolaren Rostralbreite von 28 mm.

Der verschmälerte Teil differiert von dem unmittelbar hinter ihm liegenden (zwischen dem fünften und sechsten Zahn) und von dem unmittelbar vor ihm liegenden (zwischen dem achten und neunten Zahn) wie folgt:

Symphysenbreite am verschmälerten Teil . . . . 28 mm
Symphysenbreite hinter dem verschmälerten Teil . . . 31 mm
Symphysenbreite vor dem verschmälerten Teil . . . . 32 mm

Von den Zähnen sind der erste und der siebente Zahn links und der erste und der neunte Zahn rechts (von der Symphyse ab gerechnet) erhalten. Hinter dem ersten Zahn, direkt vor dem Symphysenwinkel, ist links eine deutliche Interdentalgrube; außer dieser ist an dem Unterkiefer keine erkennbar. Die Splenialia nehmen an der Bildung der Symphyse einen bedeutenden Anteil. Es läßt sich ihre Sutur bis zum vierten Zahn verfolgen.

12

Über den linken Ramus läßt sich wenig sagen, da er zu schlecht erhalten ist. Er scheint aber im Verhältnis zu seiner Länge niedriger gewesen zu sein, als bei *T. schlegeli*, ferner scheinen die beiden Rami in einem spitzeren Winkel zusammengestoßen zu sein, als bei diesem.

Die Zähne sind gleich denen des Oberkiefers, nur etwas weniger schlank. Der erste linke und der sechste rechte Zahn haben einen etwas ovaleren Querschnitt und eine scharfe Kante vorn und hinten. Die Vorderkante des Zahnes ist ein wenig nach außen und die hintere dementsprechend leicht nach innen gedreht.

Cranialsegment mit Occiput.

Württemb. Naturaliensammlung, Stuttgart. Gleicher Fundort und gleicher Sammler.
Schlecht erhalten und deformiert.

Fragment einer Mandibel.

Württemb. Naturaliensammlung, Stuttgart. Gleicher Fundort und gleicher Sammler.
Erhaltungszustand. Erhalten ist der rechte Ramus und ein Stück des Symphysenteiles. Es handelt sich bei letzterem nur um den von den Dentalen allein gebildeten Teil, der außerdem stark abgerollt ist und dem die Spitze fehlt. Da dieses Symphysenfragment jedoch wuchtiger ist, als das ihm entsprechende Stück des Unterkiefers des zweiten Schädels, kann man wenigstens aus ihm ersehen, daß die beiden zuerst besprochenen Schädel noch nicht voll erwachsenen Tieren angehörten. Am besten erhalten ist das hintere Ende des rechten Ramus mit Articulare, Angulare und Supraangulare.

Genaue Beschreibung. Das Articulare ist vollständig erhalten. Der hinter der Gelenkpfanne liegende Teil des Unterkiefers, an dessen Bildung außer dem Articulare auch noch das Angulare und das Supraangulare teilnimmt, scheint sowohl in der Seitenansicht, als auch in der Aufsicht schlanker zu sein, als bei *T. schlegeli*. Ferner ist er nicht so stark nach aufwärts gekrümmt, seine obere Profillinie ist also nicht so konkav. Da der äußere Rand der Oberseite des Articulare etwas defekt ist, benutze ich einen weiteren Rest: Gelenkpfanne mit Articularfortsatz, gleicher Sammler, gleicher Fundort, zur Ergänzung. Es fallen nun folgende Unterschiede von *T. schlegeli* auf. Bei letzterem verbreitert sich der Articularfortsatz (von oben besehen) hinter dem Gelenk an seiner Innenseite stark. Seine Oberfläche springt winklig nach innen vor und verschmälert sich dann wieder gegen das Ende; es entsteht so eine dachförmig über die Innenseite des Articulare vorspringende dünne Knochenwand. Die Grenze dieses dünnen Knochendaches und des soliden Knochens ist auf der Oberfläche des Articulare in Form einer Wulst sichtbar. Die Oberfläche des soliden Knochens fällt nach außen und unten, die des Knochendaches nach innen und unten ab. Abgesehen von der Krümmung in der Längsrichtung ist also die Oberfläche des Articularfortsatzes bei *T. schlegeli* auch dachförmig nach beiden Seiten geneigt. Bei *T. cairense* besteht die Krümmung in der Längsrichtung ebenfalls, aber das dachförmige Abfallen nach zwei Seiten ist nur am hinteren Ende des Articulare zu erkennen. Ferner ist die Verbreiterung der Oberfläche geringer und mithin die dachförmig vorspringende Knochenplatte schmäler. Dieser dachförmige Vorsprung ragt bei *T. schlegeli* über den inneren Rand der Gelenkpfanne beträchtlich hinaus, bei *T. cairense* ist das Umgekehrte der Fall. Die Gelenkpfanne selbst ist bei *T. cairense* im Verhältnis zu ihrem Längsdurchmesser breiter, wie *T. schlegeli*; in der Form besteht jedoch große Ähnlichkeit. Wie bei der rezenten Form ist sie gesattelt und zerfällt in einen größeren äußeren, quer rechteckigen und in einen, durch einen leichten Wulst von diesem geschiedenen, nach innen und unten geneigten, in der vorderen Profillinie winklig vorspringenden Teil. Von innen gesehen erscheint das Articulare schlanker als bei *T. schlegeli*; das Angulare dagegen ist derber als bei diesem.

Skulptur. Die äußere Skulptur ist kräftiger ausgeprägt als bei *T. schlegeli*, bei dem Angulare und Supraangulare auch bei mittelgroßen und großen Exemplaren verhältnismäßig wenig skulptiert sind. Die Außenseite des Articularfortsatzes ist bei dem vorliegenden Rest zwar auch fast skulpturlos, die übrigen Teile sind aber dicht mit Längsgruben und Wülsten bedeckt.

Fragment der linken Maxilla und Praemaxilla.

Württemb. Naturaliensammlung, Stuttgart. Gleicher Sammler, gleicher Fundort. Taf. II, Fig. 3.

Erhaltungszustand. Der Praemaxilla fehlt die äußerste Spitze. Von der Maxilla ist nur ein schmaler Streif der Außenseite (Alveolarfläche) erhalten. Sieben Zähne der Maxilla sind mehr oder weniger gut erhalten, die der Praemaxilla fehlen.

Beschreibung. Die Zähne sind nach außen und besonders stark nach vorn gerichtet, ohne Vorder- und Hinterkante und schwach gestreift. Sie scheinen ebenfalls wenig differenziert gewesen zu sein. Die beiden vordersten Zähne (erster und zweiter Maxillarzahn von der Praemaxilla aus gerechnet) sind lang. Beim fünften Zahn ist (von oben gesehen) eine leichte Anschwellung der Außenseite des Rostrums zu bemerken, ebenso verbreitert sich das Rostrum ganz allmählich bis zum ersten Maxillarzahn, wo dann eine plötzliche aber nur unbedeutende Einschnürung erfolgt (wohl die Grenze zwischen Praemaxille und Maxille); der Praemaxillarteil wird dann wieder breiter. Die Praemaxillen scheinen relativ lang zu sein. Ihre Verbreiterung ist nur eine mäßige. Die vorliegende Praemaxille ist fast bis zur Mediannaht mit ihrer Nachbarin erhalten; das vor der Apertura nasalis gelegene Stück ist abgebrochen. Der vordere Rand der Nasal-Apertur ist nicht ganz einwandfrei erhalten; in der Mitte ihres Hinterrandes springt ein kleines Knochenzäpfchen nach vorn in ihr Lumen vor, wie dies ja bei vielen Crocodiliden der Fall ist. Trotz der etwas defekten Ränder kann man die ungefähre Größe und Form der Nasal-Apertur noch erkennen. Sie scheint fast kreisrund gewesen zu sein. Ihr Abstand vom ersten Maxillarzahn beträgt fast das doppelte ihres Längsdurchmessers. Die größte Breite der Praemaxillarregion scheint beim zweiten (dritten?) Praemaxillarzahn gelegen zu sein, wie dies ja auch bei *T. schlegeli* der Fall ist. Wie das übrige Rostrum war auch die Praemaxillargegend stark abgeflacht.

Vorderstes Ende der Maxillen und hinterster Teil der Praemaxillen.

Württemb. Naturaliensammlung, Stuttgart. Gleicher Sammler, gleicher Fundort.

Obwohl dieses Fragment nur unbedeutend ist, ist es doch insofern sehr wichtig, als es uns über die Art, wie die Nasalia mit den Praemaxillen zusammenstoßen, Aufschluß gibt. Die Praemaxillen umfassen die Nasalia mit je einem kurzen, schmalen, spitzen, nach hinten gerichteten Fortsatz. Während aber bei *T. schlegeli* der Hauptteil der Praemaxillen ganz allmählich in die hinteren Fortsätze übergeht und die Praemaxillo-MaxillarSutur nur einen unbedeutenden Knick macht, erfolgt bei *T. cairense* die Verschmälerung der hinteren Fortsätze ganz plötzlich; die Praemaxillo-Maxillar-Sutur bildet ein scharfes Eck und fällt dann steil nach unten ab. Die Nasalia greifen bei *T. cairense* nach vorn zu noch über die Praemaxillarfortsätze hinaus in den eigentlichen Körper der Praemaxillen ein, bei *T. schlegeli* berühren sie nur die hinteren Spitzen der Praemaxillen, zwischen die sie nur ganz unbedeutend eingreifen. Infolge dieses Umstandes liegt bei *T. cairense* die Spitze der Nasalia v o r dem ersten Maxillarzahn (nähert sich also Verhältnissen, wie wir sie bei der Gattung *Crocodilus* finden), bei *T. schlegeli* aber hinter dem v i e r t e n Zahn der Maxillen. Die Praemaxillar-Zähne scheinen nach vorn gerichtet gewesen zu sein. Die Skulptur, die sich bei diesem Fragment gut erkennen läßt, besteht teils aus runden teils aus länglichen Gruben.

Masse von *Tomistoma cairense.*

	Nr. 1	Nr. 2
Vom Condylus bis zur defekten Schnauzenspitze	400 mm	
Vom Condylus bis zum vorderen Augenrand	128 „	
Vom Condylus bis zum Hinterrand des Basioccipitale	30 „	32 mm
Länge des Cranialsegments	60 „	
Hintere Breite des Cranialsegments	87 „	91 „
Vordere Breite des Cranialsegments	78 „	
Breite der Supratemporalgruben	28 „	30 „
Länge der Supratemporalgruben	28 „	31 „
Engste Stelle des Parietale zwischen ihnen	11 „	8 „
Größter Längsdurchmesser der Orbita	46 „	
Größter Querdurchmesser der Orbita	31 „	
Schmalste Stelle des Frontale zwischen ihnen	18 „	
Höhe der Postorbitalgrube	?15 „	
Höhe des Postorbitalpfeilers	19 „	
Größte Höhe des Jugale	37 „	
Niederste Stelle des Jugale	18 „	
Breite zwischen den Vorderecken der Orbitae	26 „	
Schädelbreite gerade vor den Postorbitalsäulen	101 „	
Schädelbreite in einer Linie mit den Postorbitalsäulen	130 „	
Schädelbreite in einer Linie mit den Vorderecken der Orbitae	46 „	
Breite des Rostrums beim Aufhören der Verschmälerung	42 „	40 „

	Nr. 1	Nr. 2
Höhe des Rostrums an dieser Stelle	23 mm	23 mm
Länge des Hinterhauptsflügels von der Hinterecke des Cranialsegments ab gemessen	78 „	83 „
Länge der Squamosal-Exoccipitalcrista von der Hinterecke des Cranialsegments ab gemessen	49 „	53 „
Breite des Quadratgelenkes		35 „
Höhe des Endknorrens des Exoccipitale	12 „	15 „
Höhe des Occiputs an der Hinterecke des Cranialsegments	34 „	35 „
Vom Oberrand des Supraoccipitale bis zum Oberrand des Foramen magnum	24 „	29 „
Höhendurchmesser des Foramen magnum	14 „	13 „
Breitendurchmesser des Foramen magnum	21 „	20 „
Länge des Condylus occipitalis	26 „	22 „
Größte Breite des Condylus occipitalis	19 „	17 „
Abstand des Condylus occipitalis vom Unterrand des Basioccipitale	20 „	25 „
Breite des Basioccipitalfortsatzes	27 „	30 „
Geringste Länge des Pterygoids	36 „	35 „
Größte Breite des Pterygoids	61 „	
Größter Längsdurchmesser des Choanen	20 „	
Größter Breitendurchmesser des Choanen	18 „	
Größter Längsdurchmesser der Palatinlöcher	79 „	
Größter Breitendurchmesser der Palatinlöcher	27 „	
Geringste Breite der Palatina	21 „	22 „
Größte Länge des Transversums		47 „
Geringste Breite des Transversums		21 „
Breite am Transverso-Pterygoidflügel	46 „	?40 „
Abstand des Condylus von den Gaumenlöchern	77 „	79 „
Breite des Schädels zwischen den Außenecken der Quadratgelenke	194 „	200 „
Breite der Mandibel an der Symphyse		62 „

Masse des Mandibelfragments Nr. 4.

Höhe am inneren Vorderende des Articulare	63 mm
Größte Breite der Gelenkpfanne	47 „
Geringster Durchmesser der Gelenkpfanne	13 „
Länge des Articulare (innen gemessen)	114 „
Abstand des hinteren Randes des Articulargelenks vom Hinterende des Articulare	75 „
Höhe des Articulare am inneren Hinterrand der Gelenkpfanne	34 „

B. Qasr es Sagha-Stufe.

(Fluviomarines Obereocän, Bartonien), Nordrand des Fajûm-Kessels.

Reste aus dieser Stufe in den Museen von München, Frankfurt und Stuttgart.

Tomistoma africanum Andrews.

Schädel mit Unterkiefer.

Senckenberg. Museum, Frankfurt a. M.   Taf. I, Figs. 1 a, 1 b und 1 c.

Erhaltungszustand.   Die linke Seite des Cranial- und Orbitalsegments ist bei diesem Schädel zum größten Teil weggebrochen.   Der hinter dem dreizehnten Zahn gelegene Teil der Maxilla, das Lacrymale, das Jugale, ein Teil des Frontale, das Squamosum, das Quadratum, der größte Teil des Occipitale laterale, die Hälfte des Condylus occipitalis und der größte Teil des Pterygoids fehlen.   Von dem Unterkiefer ist der größte Teil des linken Ramus verloren gegangen.   Alles übrige ist jedoch sehr gut erhalten und auch durch Gesteinsdruck nur wenig deformiert.   Nur das eigentliche Schädeldach ist gegen das Jugale zu etwas stärker heruntergedrückt, so daß der Postorbitalpfeiler, sowie die Quadratojugalregion merklich deformiert sind, auch die Palatingegend und der erhaltene Ramus des Unterkiefers haben durch Druck etwas gelitten.

Allgemeiner Habitus.   Dieser besterhaltene der drei von mir untersuchten Schädel von *T. africanum* läßt deutlich erkennen, daß wir es mit einer sehr langschnauzigen und flachschädeligen Art mit fast ausschließlich nach oben gerichteten Augenhöhlen zu tun haben.   Das schlanke Rostrum ist zwischen dem letzten Praemaxillar- und dem ersten Maxillarzahn stark eingeschnürt, die Praemaxillen erscheinen löffelförmig verbreitert.   Vom ersten bis zum neunten Maxillarzahn verbreitert sich das Rostrum nur ganz unbedeutend und geht auch von da ab nur ganz allmählich in den Gesichtsteil über.   Die größte Schädelbreite wird durch die Außenecken der Quadratgelenkflächen bestimmt.   Die Verbreiterung des Gesichts- und Schädelteiles ist ebenfalls nur eine ganz allmähliche und geht in gleicher Linie mit der des Rostrums weiter, so daß vom neunten Maxillarzahn ab eine allmähliche, aber ununterbrochene Verbreiterung des Schädels stattfindet, die nur dadurch etwas abgeschwächt wird, daß vom letzten Drittel der Postorbitalgruben ab eine leichte Umbiegung der Außenlinie der Hinterhauptsflügel nach innen stattfindet.   Hierdurch werden die Außenecken der Kiefergelenk-Condyli wieder etwas nach innen gerückt und die stark entwickelten Hinterhauptsflügel sind nicht schräg nach außen und hinten, sondern in ihrer Hauptrichtung nach hinten orientiert.   Die Orbitae sind verhältnismäßig klein; ihr Durchmesser beträgt etwa zwei Drittel des Durchmessers der sehr großen Supratemporalgruben. Die Postorbitalgrube ist mäßig groß.   Der vom Lacrymale und dem vorderen Teil des Jugale gebildete vordere Außenrand der Orbita ist aufgewulstet; er ist aber nicht plötzlich erhöht, wie dies bei Gavialis der Fall ist, sondern die erhöhte Kante steigt vom vorderen Augenwinkel ab kräftig an, erreicht gegenüber der Außenecke des Postfrontale ihre höchste Höhe und senkt sich dann allmählich wieder.   Die schmalste Stelle des Jugale liegt etwa in der Mitte der Postoculargrube.   Der Unterkiefer — auch die Rami — ist verhältnismäßig schlank, die Symphysenregion sehr lang, schmal und plattgedrückt, die Fossa mandibularis externa mäßig groß. Hinter dem zweiten Mandibularzahn, wo die Symphysenspitze am breitesten ist, erfolgt eine Verschmälerung, die kurz vor dem vierten Zahn ihren Höhepunkt erreicht.

Genaue Beschreibung. Occipitalfläche und Hinterhauptsflügel. Wie bereits bemerkt sind die Hinterhauptsflügel sehr stark entwickelt und vor allem stark nach hinten ausgezogen, während sie nach außen nur wenig ausladen. Infolgedessen verbleibt zwischen ihnen und dem Condylus nur eine spitzwinklige Ecke und kein größerer bogig verlaufender Raum. Sie sind sehr breit, doch befindet sich ihre breiteste Stelle nicht am Quadratgelenk, sondern bei der hintersten Ecke des Cranialteiles. Ihre größte Breite verhält sich zur Entfernung des Hinterrandes des Postorbitalforamens von der Hinterecke des Quadratgelenkes wie 112 zu 148. Der Hinterhauptsflügel steht nahezu horizontal; die Gelenkfläche des Quadratums ist leicht nach innen und unten geneigt. Die innere Wand des Hinterhauptsflügels fällt bei dem vom Squamosum und Occipitale laterale gebildeten Teil schräg nach innen und unten ab und ist leicht konkav, bei dem vom Quadratum gebildeten Teil steht die schmale Innenwand fast senkrecht. Die von dem Hinterflügel des Squamosums und dem äußeren Ende des Occipitale laterale gebildete, dem vorderen Teil des Hinterhauptsflügels aufsitzende Crista erhebt sich kräftig über die auswärts von ihr gelegene vom Quadratum und dem Quadratojugale gebildete Partie. Sie reicht sehr weit nach hinten, so daß die Entfernung ihres durch den Exoccipitalknorren gebildeten Hinterendes vom Hinterrand der Gelenkfläche des Quadratums nur 2,5 cm beträgt. Der von der Crista nach außen zu gelegene Teil des Hinterhauptsflügels fällt in nur mäßiger Neigung nach seinem Außenrand zu ab und ist leicht gewölbt. Die anscheinend unverletzte Spina quadratojugalis ist kurz. Der Kiefergelenkcondylus ist ziemlich schmal und langgezogen und mäßig stark gesattelt; die Sattelung liegt nicht in der Mitte sondern mehr nach innen zu. Der von der Einsattelung ab nach innen zu gelegene Teil des Gelenkcondylus ist nach unten zu stark verdickt, so daß sich seine Länge zu seiner Tiefe wie 24 zu 37 verhält. Von oben gesehen verläuft der Hinterrand der Gelenkfläche leicht schräg von vorn und außen nach hinten und innen. Das Foramen magnum ist mäßig weit von dem oberen Rand der Hinterhauptsfläche entfernt; es ist fast gänzlich durch eine harte Gesteinsmasse verschmiert, so daß man seine ursprüngliche Gestalt nicht mehr recht erkennen kann. Die eigentliche Hinterwand des Cranialteiles, die infolge der jähen Umbiegung der Hinterhauptsflügel nur eine kleine Fläche einnimmt, ist sehr steil; die unmittelbar über und neben dem Foramen magnum gelegenen Partien fallen fast senkrecht ab. Es läßt sich hieraus ersehen, daß die Schrägneigung des Occiputs bei den anderen Schädeln nur eine Folge des Gesteinsdrucks ist. Hand in Hand damit geht, daß der Condylus nicht so weit nach hinten vorgezogen ist und daher nicht so lang erscheint und ferner, daß bei dem vorliegenden Schädel das Occiput relativ hoch ist. Seine größte Höhe läßt sich allerdings nicht mit voller Sicherheit bestimmen, da das Basioccipitale verletzt ist; indes ist seine geringste Höhe, gemessen vom Oberrand bis zum Unterrand der zwischen Condylus und Hinterhauptsflügel gelegenen Partie, gleich dem größten (Breiten-) Durchmesser der Supratemporalgrube. Da der Condylus teilweise weggebrochen ist, läßt sich über seine ursprüngliche Gestalt nicht mehr viel sagen; doch scheint er eher etwas

18

seitlich als von oben nach unten zusammengedrückt gewesen zu sein. Das Basioccipitale ist beiderseits vom Condylus tief ausgehöhlt. Es scheint — soweit die Abwitterung eine Beurteilung gestattet — ziemlich hoch aber nur mäßig breit gewesen zu sein.

Schädeldach. Wie bei den beiden anderen Schädeln besteht das Schädeldach nur aus einer spangenartigen Umrahmung der sehr großen Supratemporalgruben. Da nur der Mittelteil und die rechte Seite erhalten ist und auch der Gesteinsdruck etwas deformierend wirkte, läßt sich seine ursprüngliche Gestalt nicht mit absoluter Sicherheit feststellen, doch können allenfallsige Differenzen zwischen seiner ursprünglichen und seiner jetzigen Gestalt nicht groß gewesen sein. Die äußere aus dem Praefrontale und dem vorderen Teil des Squamosums bestehende Partie ist etwas heruntergedrückt und hat eine Neigung gegen das Jochbein zu, die Region zwischen den Supratemporalgruben ist leicht sattelförmig eingedrückt. Indes glaube ich nicht fehlzugehen, wenn ich annehme, daß das Schädeldach ursprünglich absolut eben war. Es dürfte also auf den leicht ansteigenden Gesichtsteil ein absolut ebener Schädelteil gefolgt sein. Die Supratemporalgruben sind queroval; ihr Querdurchmesser verhält sich zum Längsdurchmesser wie 4 zu 3. Ihre Innen- und Hinterwände fallen sehr steil schräg ab, die Vorderwände stehen fast senkrecht und die Außenwände hängen über das Lumen über. Die beiden Außenränder des Schädeldaches sind — von oben gesehen — leicht bogenförmig geschweift, der Hinterrand ist beiderseits des Supraoccipitale konkav, so daß die Hinter- und Außenecken ziemlich stark nach hinten vorspringen. Das Supraoccipitale springt nicht dreieckig über den Hinterrand des Schädeldaches vor, sondern dies ist nur bei seinen beiden der Muskelinsertion dienenden Facetten der Fall. Zwischen ihnen verläuft das Supraoccipitale geradlinig. Der obere Hinterrand der Squamosa überragt ziemlich stark das steil abfallende Occiput.

Gesichtsteil und unterer Schläfenbogen. Der die Region der Orbitae umfassende Teil des Schädels ist infolge der eigentümlichen Stellung dieser letzteren sehr kurz und flach. Seine Profillinie fällt gegen die Schnauze zu nur leicht ab; diese Neigung dürfte aber, da der eigentliche Schädelteil durch Druck etwas gelitten hat, beim lebenden Tier etwas stärker gewesen sein. Die Orbitae sind ganz nach oben gerichtet, länglich eiförmig — das breite Ende nach innen gerichtet — und schräg von hinten und außen nach vorn und innen orientiert. Ihr größter Breitendurchmesser verhält sich zu ihrem größten Längsdurchmesser wie 4 zu 7. Der innere Orbitalwinkel ist nicht in eine Spitze ausgezogen, sondern breit verrundet. Das Interorbitalspatium ist absolut flach, die Innenränder der Orbitae sind nicht einmal spurweise aufgewulstet. Die Außenecke des Postfrontale springt nur wenig über das Lumen der Orbita vor. Der vordere Außenrand der letzteren ist kammförmig erhöht und zwar nimmt das Lacrymale offenbar an der Bildung dieses erhöhten Randes teil. Der Kamm beginnt etwas außerhalb des Innenwinkels der Orbita, steigt gleich energisch und mit scharfem Knick an und erreicht seine höchste — allerdings wenig beträchtliche — Höhe etwa gegenüber der Postfrontalecke. Er ähnelt dem Kamm, der sich bei ganz jungen Stücken von *T. schlegeli* auf der vorderen Hälfte des Jugale befindet. Nachdem der Kamm seine höchste Höhe überschritten hat, senkt er sich ganz allmählich. Das Jochbein ist an seiner schmalsten Stelle — etwa in der Mitte der Postorbitalöffnung — ziemlich schmal, aber seitlich zusammengedrückt und oben und unten mit einer scharfen Kante versehen. Der Postorbitalpfeiler ist leider deformiert, es läßt sich aber deutlich erkennen, daß er von der Innenseite des Jugale aus seinen Ursprung nimmt. Da auch die Gestalt des Foramen postorbitale durch den von oben nach unten wirkenden Gesteinsdruck etwas verändert ist, ist nur seine Länge, die dem Längsdurchmesser der Orbita nahezu gleichkommt, von Bedeutung.

Schnauzenteil. Daß der Gesichtsteil bei dem vorliegenden Schädel nur ganz allmählich in den Schnauzenteil übergeht, wurde schon mehrfach erwähnt. Da fast kein Gesteinsdruck auf ihn gewirkt hat, ist bei ihm das gesamte Rostrum nicht so flach wie bei den beiden zuerst besprochenen Schädeln. Es ist infolgedessen auch die Linie seines Außenrandes — wenn man den Schädel in der Aufsicht betrachtet — eine etwas andere. Vor allem treten die Außenränder der Alveolen nicht so stark über den Außenrand des Rostrums vor. Auch sieht man deutlich wie in der Gegend des neunten Maxillarzahnes die allmähliche Verschmälerung des Rostrums beendet ist und von da ab seine Außenränder bis in die Gegend des ersten Maxillarzahnes nahezu parallel laufen. In der Gegend des fünften Maxillarzahnes befindet sich eine kaum merkliche Anschwellung des Rostrums. Vor dem ersten Maxillarzahn verschmälert es sich plötzlich stark und bildet hier den „Hals" der Praemaxillarregion. Die Praemaxillen sind in ihrer hinteren Partie am schlanksten, in der Gegend des dritten Praemaxillarzahns am breitesten. Zwischen dem ersten und dem verkümmerten zweiten Praemaxillarzahn liegt ein tiefer bogenförmiger Ausschnitt, der den ersten Zahn des Unterkiefers aufnimmt. Der dritte Zahn der Praemaxille ist nach der Alveole zu urteilen — bei dem vorliegenden Exemplar sind beiderseits nur kleine Ersatzzähne vorhanden — am stärksten; der zweite, sehr kleine Praemaxillarzahn sitzt an der Vorderwand der Alveole des dritten, genau so wie dies bei jungen Exemplaren von *T. schlegeli* der Fall ist. Sämtliche Zähne des Oberkiefers sind etwas nach vorwärts aber nicht nach auswärts gerichtet. Die Nasalapertur ist breit herzförmig mit nach hinten gerichteter Spitze. Ihr Vorderrand springt in der Mitte bogig in das Lumen vor. Obwohl das Tier ein Männchen ist, zeigt die Nasalapertur keinerlei Verbreiterung oder Spuren einer Knochenleiste, die zum Ansatz einer Nasenmuschel, wie bei *Gavialis*, dient. Das Foramen incisivum, dessen Ränder allerdings etwas ausgebrochen sind, ist sehr langgestreckt und schmal.

Unterseite des Schädels. Die Unterseite des Schädels hat durch Gesteinsdruck stärker gelitten als die Oberseite, besonders die Palatingegend und in etwas geringerem Maße die Pterygoide. Das Rostrum ist so gut wie garnicht deformiert.

Die Unterseite der Hinterhauptsflügel ist ganz schwach konkav mit sich plötzlich scharf nach unten umbiegenden äußeren Rändern. Die Gestalt der Choanen, deren Ränder teils zerdrückt, teils ganz zerstört sind, läßt sich nicht mehr feststellen. Der Choanengang ist queroval, die ihn ausfüllende Gesteinsmasse zeigt Spuren eines Septums. Er verläuft steil schräg von hinten und unten nach oben und vorn. Leider sind an dem Schädel keine Nähte mehr zu sehen; es läßt sich daher nichts Genaues über die Abgrenzung und die Größenverhältnisse der einzelnen Schädelknochen sagen. Obwohl durch den Gesteinsdruck auch die ursprüngliche Lage der Hauptknochenflächen der Unterseite des eigentlichen Cranialteiles nicht unerheblich verändert ist, läßt sich doch mit ziemlicher Bestimmtheit sagen, daß die hintere Palatinfläche leicht, die Pterygoidfläche aber stärker von oben und vorn nach unten und hinten geneigt gewesen sein dürfte. Das Transversum ist kräftig entwickelt und an seiner schmalsten Stelle ziemlich stark eingeschnürt.

Sein hinterer Flügel geht nicht bis zur Hinterecke der Pterygoidea. Die Pterygoidfläche hat die Form eines querverbreiterten Vierecks, dem außen der Hinterflügel des Transversums aufliegt. Ihr Hinterrand ist fast ganz gerade und nur an der Außenecke ganz schwach nach hinten umgebogen. Durch Gesteinsdruck ist die Pterygoidfläche jederseits neben den Choanen eingedrückt, so daß letztere in einem über die Pterygoide hervorragenden Wulst zu liegen scheinen. In Wirklichkeit dürften aber beide Pterygoide eine in der Mitte konkave, und mit den Außenrändern sich nach unten senkende Fläche gebildet haben, wie dies auch bei *T. schlegeli* der Fall ist. Das Foramen palatinum ist sehr langgestreckt; seine Länge verhält sich zu seiner Breite etwa wie 17 zu 6. Seine von den Palatinen gebildete Seite ist nur leicht konkav, die von der Maxilla und dem Transversum begrenzte stark bogig. Vorn ist die Palatingrube ziemlich spitz ausgezogen, hinten mehr verrundet; die größte Breite erreicht sie etwa in ihrer Mitte. Die Palatina sind vorn am breitesten und in ihrer zweiten Hälfte am schmalsten. Sehr interessant ist der vorliegende Schädel durch das Vorhandensein sehr großer Bullae pterygoideae, die in der Form denen eines Gavialis-Männchens völlig gleichen. Sie füllen fast die ganze hintere Hälfte der Foramina palatina aus. Leider sind die Palatina so stark gegen das Schädeldach heraufgedrückt, daß auch die Bullae flachgedrückt sind. Kurz vor der Bulla hat jedes Palatinum seitlich einen leistenartigen Vorsprung. Die Bullae setzen sich nach hinten in eine Leiste fort, die sich über das Transversum hinwegzieht und nach einem schärferen Knick auf der Oberseite der Pterygoide endigt. Die Palatina sind an ihrem hinteren Ende stark konkav, was aber in der Hauptsache dem Gesteinsdruck zuzuschreiben sein dürfte. Auf der Unterseite des wohlerhaltenen Rostrums ist die zwischen den Zahnreihen gelegene Partie horizontal orientiert und leicht konkav, die Alveolarpartie aber schräg von unten und innen nach oben und außen gerichtet. Indes beteiligt sich der Unterrand der Alveolen nicht — oder wenigstens nicht erheblich — an dieser Schrägstellung, sondern die Alveolen treten kräftig hügelartig aus dieser Fläche heraus, ihr unterer Rand steht fast horizontal und nur die Fläche, auf der sie aufsitzen, ist schräg geneigt. Zwischen den einzelnen Alveolen ist die Alveolarfläche etwas ausgehöhlt, eigentliche Interdentalgruben finden sich aber nur zwischen dem achten und neunten (hier aber nur spurweise), dem neunten und zehnten und dem zehnten und elften Zahn. Über die Zähne des Zwischenkiefers ist bereits alles wesentliche gesagt, die Zähne des Oberkiefers sind in Form und Größe deutlich verschieden. Die vorderen Maxillarzähne sind lang und schlank — der zweite ist am größten —, die hinteren werden allmählich kürzer, die fünf hintersten ˌsind konisch. Alle sind mehr oder weniger komprimiert und haben scharfe Außenränder. Die Kompression ist bei den längsten (vorderen) Zähnen am stärksten, bei den hintersten kurzen oder konischen Zähnen am schwächsten. Die vorderen, langen Zähne sind stark gekrümmt, die hinteren, konischen nur wenig. Bei dem vorliegenden Schädel sind die Zähne nach einwärts gekrümmt und die scharfen Kanten nach vorn bezw. nach hinten gerichtet, während bei *T. schlegeli* die Zähne nach hinten gekrümmt und ihre Kanten nach außen bezw. innen orientiert erscheinen. Außerdem sind die vorderen Zähne leicht schräg nach vorn und auch ein geringes nach außen gerichtet, die hinteren stehen fast senkrecht. Der Unterschied in der Zahnstellung zwischen der rezenten und der fossilen Art ist indes wahrscheinlich nur ein scheinbarer, denn es ist leicht möglich, daß die Zähne bei der letzteren sich schon vor dem Fossilisierungsprozeß infolge von Fäulnis gelockert und eine Lageveränderung erfahren hatten. Bei den vorderen Zähnen befindet sich neben jeder der beiden scharfen Kanten eine leichte Hohlkehle, die besonders an der Innenseite stark ausgeprägt ist. An den hinteren Zähnen, bei welchen die Kante nur schwach entwickelt ist, sind auch die Hohlkehlen kaum zu bemerken. Eine Längsriefung der Zähne ist nicht festzustellen. Sie erscheinen völlig glatt, tief braunschwarz und glänzend. In jedem Zwischenkiefer befinden sich fünf, in jedem Oberkiefer 16 Zähne.

Unterkiefer. Der Symphysenteil ist lang und schlank. Seine Länge verhält sich zur Länge des Ramus wie 56 zu 58. Vor dem zweiten Zahn (von vorn gerechnet) ist die Symphysenspitze etwas verbreitert. Darauf folgt eine Einschnürung, die den Zwischenraum vom zweiten bis vierten Zahn umfaßt und hierauf wieder eine plötzliche Verbreiterung. Nach derselben verbreitert sich die Symphyse nur mehr ganz allmählich bis zu ihrem Beginn. Die Alveolen des dritten Zahnes treten nicht stark hervor; der Zahn selbst ist erheblich schwächer als der zweite nnd vierte. Der Zwischenraum zwischen den Zahnreihen ist völlig eben, die Alveolarfläche schräg abfallend. Die acht vordersten Zähne des Unterkiefers sind etwas nach vorn und außen gerichtet, die übrigen stehen annähernd senkrecht. Auch beim Unterkiefer sind die vordersten Zähne lang und gekrümmt und mit scharfen Außenkanten versehen, während bei den hinteren mehr gedrungenen und kegelförmigen auch die Kanten nur schwach ausgeprägt sind. Die genaue Zahl der Zähne ist nicht mit Sicherheit festzustellen, da das Dentale an seinem Hinterende oben etwas verletzt ist. 17 Zähne lassen sich mit Bestimmtheit auf jedem Dentale ermitteln, es dürften aber etwa 20 gewesen sein. Interdentalgruben lassen sich nur drei feststellen, nämlich eine nur spurweise angedeutete zwischen dem elften und zwölften, eine tiefe zwischen dem zwölften und dreizehnten und eine etwas flachere zwischen dem dreizehnten und vierzehnten Zahn. Die beiden ersten Zähne sind stark nach vorn und aufwärts gebogen. Die Splenialia erreichen mit ihrer vordersten Spitze etwa die Mitte zwischen dem achten und neunten Zahn. Der Kieferramus erscheint von der Seite gesehen äußerst nieder, es liegt dies aber bis zu einem gewissen Teil an dem Gesteinsdruck. Erst kurz vor der Gelenkpfanne bekommt er seine normale Gestalt. Die Symphyse beginnt in der Gegend des vierzehnten Unterkieferzahnes. Die Entfernung von der Spitze des Winkels, den die beiden Unterkieferäste mit einander bilden, bis zur Vorderecke des Foramen mandibulare, beträgt 250 mm, die Länge des Foramen mandibulare selbst 90 mm. Die ursprüngliche Form des letzteren ist nicht mehr genau festzustellen, es scheint aber länglich oval, vorn spitz zulaufend und hinten verrundet gewesen zu sein. Über dem Foramen ist die obere Kontur des Ramus emporgebogen und bildet eine stumpfe Ecke mit ihrer hinteren, absolut gerade und horizontal bis zur Gelenkpfanne verlaufenden Partie. Die Gelenkpfanne ist leicht schräg nach innen geneigt und durch eine flache Leiste in eine größere äußere und eine kleinere innere Partie geteilt, eine Teilung, die der Art der Sattelung des Condylus des Quadrargelenks genau entspricht. Ihr hinterer Rand ist stark emporgewölbt. Der Unterkieferramus verläuft (von oben gesehen) bis zum Hinterrand der Gelenkpfanne schräg nach außen, hinter derselben wendet er sich nach einwärts. Die Oberfläche des Angulare fällt hinter der Gelenkpfanne erst stark nach hinten und unten ab und biegt sich dann in kräftigem Bogen nach aufwärts. Wie bei den vorher besprochenen Resten ist sie durch einen Längswulst in eine schmälere äußere und eine breitere innere Zone geschieden. Beiderseits des Wulstes ist die Oberseite des Angularfortsatzes konkav, die breitere innere Partie springt dachförmig über den unteren Teil des Angulare vor.

Unterkiefer nebst Wirbeln usw.

Qasr es Sagha-Stufe.   Senckenberg. Museum, Frankfurt a. M.
(Krokodil a 2. Terasse von oben, Pass W. am Zeugen w. des Hyänenberges 6. I. 1904, 1 h. STROMER V. REICHENBACH leg.)

Mandibel.

Erhaltungszustand. Es fehlen die Symphysenspitze, der größte Teil des rechten Ramus, die Randpartien des hinteren Teiles der linken Symphysenseite und daran anschließend die unteren Partien des linken Ramus bis etwa zur Mitte der unteren Umrandung des Foramen mandibulare. Auch diese erhaltenen Teile sind vielfach stark verwittert. Alle Zähne fehlen.

Beschreibung. Der Unterkiefer bietet keinen Anlaß zu weitläufigeren Erörterungen, zumal da bessere Stücke vorliegen. Es sei nur festgestellt, daß er von einem stattlichen Exemplar herrührte. Die Länge des linken Ramus, von der Symphyse bis zum Hinterende des Articulare gemessen, beträgt 570 mm. Da das Articulare verhältnismäßig gut erhalten ist, erscheinen einige Bemerkungen hierüber am Platz. Verglichen mit einem Unterkiefer von *T. schlegeli* (Länge des linken Ramus 555 mm) erscheint die obere Partie des Supraangulare (Coronoid) an ihrem Oberrand weniger breit und massig. Der hinter der Gelenkpfanne gelegene Teil des Articulare hat annähernd die gleiche Länge wie bei der rezenten Art, erscheint aber etwas weniger robust gebaut. Da jedoch der innere, dünnwandige Rand dieses Teiles des Articulare weggebrochen ist, lassen sich keine genauen Maße angeben. Die Gelenkpfanne selbst ist bedeutend breiter (82 mm) als lang (41 mm). Sie reicht mit einem spitzigen Winkel bis zum Außenrand des Supraangulare. Die Naht, die der Gelenkflächenteil des Articulare mit dem Supraangulare bildet, verläuft schräg von hinten und außen nach vorn und innen. Die Gelenkpfanne ist im allgemeinen sehr flach (wenig konkav); nur der Rand der äußeren winkeligen Partie ist steil aufgerichtet, da das Articulare hinter der Pfanne stark eckig nach oben aufragt. Der innere Rand der Gelenkpfanne verläuft nahezu geradlinig (im rechten Winkel mit dem Hinterrand); Vorder- und Hinterrand mit Ausnahme der äußersten winkligen Partie sind nahezu parallel. Von einer Sattelung der Gelenkpfanne ist kaum etwas zu merken, während bei *T. schlegeli* die Pfanne in einen breiten, stark konkaven äußeren und einen durch einen leichten Sattel davon getrennten, schmalen, schräg nach unten abfallenden inneren Teil sich gliedert. Die Breite der Gelenkpfanne verhält sich zu dem hinter ihr gelegenen Endteil des Articulare wie 42 zu 130 mm, bei *T. schlegeli* wie 68 zu 121 mm.

? Dritter Halswirbel. Zygapophysen verstümmelt oder fehlend, Hypapophyse abgebrochen, Neurapophyse hinten etwas verletzt. Es kann nicht mit absoluter Sicherheit behauptet werden, daß der Wirbel einem *Tomistoma* angehörte. Die Hypapophyse hat mehr die Form eines gestreckten, niederen Kammes als die eines längeren oder kürzeren Zapfens. Die unten breite, nach oben sich verjüngende Neurapophyse ist verhältnismäßig kurz und stark schräg nach hinten geneigt. Im Vergleich zu dem Wirbelkörper erscheint der Neuralbogen ziemlich schlank, er ist sowohl bei *T. schlegeli* als auch bei den rezenten Crocodilus-Arten stärker entwickelt als dies bei dem fossilen Rest der Fall ist. Das auf der linken Seite erhaltene Rudiment der Praezygapophyse läßt erkennen, daß diese steil nach aufwärts gerichtet waren. Über die Postzygapophysen läßt sich nichts mehr sagen. Die obere Diapophyse ist kurz. Ihre Gelenkfacette ist schräg von vorn und unten nach hinten und oben, sowie schräg von oben und außen nach unten und innen orientiert. Die obere Diapophyse ist von der unteren weit getrennt und sitzt ungefähr in der Mitte der Naht zwischen Wirbelkörper und Neuralbogen. Der untere Rand der Gelenkfacette liegt fast auf der Naht auf. Die untere Diapophyse ist ebenfalls kurz, etwa gleich weit vom Vorderrand des Wirbelkörpers, wie von dessen Hinterrand (ohne Gelenkcondylus) entfernt und schmal, also mehr in Form einer Längsleiste entwickelt. Der Wirbelkörper ist groß, zwischen den Diapophysen ausgehöhlt und unten mit einer verrundeten Medianleiste versehen, jederseits deren sich eine flache Hohlkehle befindet. Die Gelenkpfanne am Vorderende des Wirbelkörpers ist verhältnismäßig schwach konkav, dagegen ist der Gelenkkopf am Hinterende sehr stark entwickelt, fast halbkugelig und nur von einem schmalen Rand umgeben.

Maße.

Gesamthöhe des Wirbels	135 mm
Länge der Spina neuralis	61 ,
Geringste Länge des Neuralbogens	37 „
Gesamtlänge des Wirbelkörpers	75 „
Länge des Wirbelkörpers ohne Condylus	58 „
Höhe des Wirbelkörpers (bis zur Neuralbogennaht)	40 „

? **Vierter Halswirbel.** Für den vierten Halswirbel — und zwar den eines *Tomistoma* — spricht der Umstand, daß die Neurapophyse relativ breit und kurz ist, beide Querfortsätze kurz sind und der untere davon nahe am Vorderrand des Wirbels sitzt, sowie die Tatsache, daß die Hypapophyse nur in Form eines niederen, mehr kammartigen Vorsprunges am vorderen Ende der Wirbelkörperunterseite ausgebildet ist. Auch bei diesem Wirbel ist der Neuralbogen im Verhältnis zum Wirbelkörper schwächer als bei *T. schlegeli* und den rezenten Crocodilus-Arten, jedoch bei weitem nicht in dem Maße wie es bei dem vorhergehenden Wirbel der Fall ist. Die Spitze der Neuralspina ist oben etwas abgewittert, so daß ihre genaue Form und Länge nur mehr annähernd zu bestimmen ist. Sie war verhältnismäßig kurz und breit und zwar bleibt die Breite von der Basis bis nahe zur Spitze annähernd die gleiche. Die Verschmälerung des eigentlichen Spitzenteiles geht nur durch Abschrägung der vorderen Kante vor sich; die Spitze selbst ist oben abgestutzt. Die Neuralspina ist nur schwach nach hinten geneigt. Die vorderen Zygapophysen sind weniger steil nach oben gerichtet als bei *T. schlegeli*, auch sind die Gelenkfacetten kleiner, weniger stark nach innen, sondern mehr nach oben gekehrt als bei dieser Art; dementsprechend sind auch die Gelenkflächen der Postzygapophysen weniger nach außen sondern mehr nach unten gerichtet. Der Hals des Neuralbogens ist etwas schmäler als bei der rezenten Art, jedoch breiter als bei dem vorhergehenden Wirbel. Das Neuralrohr erscheint

24

vorn etwas breiter wie hoch, hinten aber etwas höher als breit. Der Körper dieses Wirbels ist etwas kürzer und schwächer als der des vorigen; die Hypapophyse ist ein kurzer
kammartiger Vorsprung am Vorderende der Unterseite, die obere Diapophyse ist sehr
kurz und breit, ihre Gelenkfacette ist fast ausschließlich nach außen und nur ganz schwach
nach unten gerichtet und hat die Form einer wagrecht stehenden Ellipse. Die beiden
Diapophysen sind einander mehr genähert als bei dem vorhergehenden Wirbel (Abstand
von einander 16 mm, bei dem vorhergehenden 22 mm) und der Zwischenraum zwischen
ihnen ist konkav. Die Gelenkfacette des unteren, ebenfalls kurzen Querfortsatzes ist
schmäler als die des oberen, wirkt daher mehr als langgestreckte Ellipse, sie ist nicht ganz
vertikal gestellt, sondern hängt leicht schräg nach hinten und unten. Die vordere Gelenkpfanne ist mäßig ausgehöhlt, der Gelenkcondylus jedoch wie bei dem vorhergehenden
Wirbel sehr stark ausgeprägt und nur von einem schmalen Rand umgeben.

Maße.

Gesamtlänge des Wirbelkörpers	78 mm
Gesamthöhe des Wirbels . . . . , . . .	134 „
Höhe des Neuralbogens	98 „
Vom Vorderrand der Prae- bis zum Hinterrand der Postzygapophyse	74 „
Länge der Spina neuralis	56 „
Breite derselben	28 „
Geringste Breite des Neuralbogens	41 „
Länge des Wirbelkörpers ohne Condylus	55 „
Höhe des Wirbelkörpers vom Neuralkanal bis zum Unterrand . .	47 „
Länge der Gelenkfacette der oberen Diapophyse	25 „
Breite derselben	14 „
Länge der Gelenkfacette der unteren Diapophyse	26 „
Breite derselben	12 „

Linke Rippe des vierten Halswirbels. Capitulum wie Tuberculum sind im
allgemeinen breiter wie bei *T. schlegeli*, aber nicht dicker. Die Gelenkfacette des Tuberculums ist bei einer gleichgroßen vierten Halsrippe der recenten Art relativ klein und
breit oval, bei dem fossilen Rest aber groß und gestreckt längsoval. Bei dem Capitulum
der Halsrippe der rezenten Art ist die Facette sehr groß und sehr breit oval, bei dem
fossilen Rest längsoval, aber nicht viel länger als die des Tuberculums.

Maße.

Länge des Rippenkörpers	91 mm
Länge des Tuberculums	34 „
Breite desselben (schmalste Stelle)	20 „
Länge der Gelenkfacette des Tuberculums	25 „
Breite derselben	13 „
Länge des Capitulums	16 „
Breite desselben	24 „
Länge der Gelenkfacette des Capitulums	25 „
Breite derselben	14 „

? **Letzter Lumbarwirbel.** Da die Spina neuralis nahezu rechteckig erscheint und eher leicht nach vorn als nach hinten gerichtet ist, die einzig erhaltene Zygapophyse eine relativ große Gelenkfläche hat und der Wirbelkörper breit und relativ kurz ist, halte ich den vorliegenden Wirbel für den letzten Lumbarwirbel. Mit Ausnahme der rechten Praezygapophyse sind die Zygapophysen abgebrochen — die Postzygapophysen fast völlig — und rechts fehlt die Spitze der Diapophyse; sonst ist der Wirbel gut erhalten.

Der Wirbelkörper ist verhältnismäßig kurz und breit. Wenn man den Condylus unberücksichtigt läßt, ist er etwas kürzer als sein Querdurchmesser. Die Breite der vorderen Gelenkpfanne ist größer (58 mm) als ihre Höhe (51 mm). Bei der rezenten Art ist das Verhältnis von Breite zur Höhe noch mehr zu Gunsten der Breite verschoben. Die Länge des Wirbelkörpers ohne Condylus ist an der Unterseite etwas geringer als die Breite der vorderen Gelenkpfanne. Letztere ist nicht stark konkav, dagegen ist der Condylus wiederum sehr kräftig entwickelt. Beim letzten Lumbarwirbel eines annähernd gleichgroßen *T. schlegeli* erscheint der Wirbelkörper noch gedrungener und bedeutend kürzer als die Breite der vorderen Gelenkpfanne; letztere ist viel stärker ausgehöhlt, dagegen ist der Condylus weit flacher. Der vorliegende Wirbel ist unten ganz flach (eher leicht konkav als gewölbt), während er bei *T. schlegeli* unten leicht gewölbt und mit einem ganz schwachen Mittelkiel versehen ist. Der Neuralbogen erscheint bei dem vorliegenden Wirbel etwas kräftiger entwickelt zu sein als bei den vorher besprochenen, was aber in der Hauptsache auf die viel breitere Spina neuralis zurückzuführen ist. Letztere ist nahezu so breit, wie der Wirbelkörper (ohne Condylus) lang ist und von der Basis bis zur Spitze nahezu gleich breit; oben ist sie breit abgestutzt. Sie ist leicht nach vorn geneigt, ihre obere Kante fällt etwas nach hinten ab und ihre schmale Vorderkante trägt eine Hohlkehle. Die Diapophysen erscheinen — von oben gesehen — schmaler und etwas kürzer als bei *T. schlegeli*. Von den Diapophysen des gleichen Wirbels der rezenten Art unterscheiden sie sich sofort dadurch, daß sie nicht die Form einer flachen Platte haben, deren hinterer Rand lediglich etwas verdickt ist, sondern daß sie auf der Unterseite nahe der hinteren Kante einen stark nach unten vorspringenden Grat tragen, sodaß ihr Querschnitt dem eines T-Eisens ähnlich wird. Die Praezygapophysen stehen ziemlich weit auseinander, jedoch nicht so weit wie bei der rezenten Art, die Postzygapophysen sind hinten durch eine tiefe Furche von einander getrennt. Die Gelenkfläche der erhaltenen Praezygapophyse ist kürzer aber breiter als bei *T. schlegeli*. Der Neuralkanal erscheint enger als bei diesem. Er ist vorn und hinten ungefähr so hoch wie breit.

M a ß e.

Gesamtlänge des Wirbelkörpers	82	mm
Gesamthöhe des Wirbels	145	„
Geringste Breite des „Halses" des Neuralbogens . . .	41	„
Länge der Gelenkfläche der Praezygapophyse	25	„
Breite derselben	12	„
Höhe der Neurapophyse	68	„
Breite derselben	43	„
Länge des Wirbelkörpers ohne Condylus	54	„
Höhe der vorderen Gelenkfläche	52	„

Breite der vorderen Gelenkfläche . . . . 58 mm
Höhe des Neuralrohres (vorn gemessen) . . . . . . 16 „
Breite desselben . . . . 15 „

Vorderster Lumbar- oder letzter Thoracalwirbel. Da der größte Teil der Neurapophysen, sowie die Zygapophysen fehlen, ist eine genaue Bestimmung unmöglich. Immerhin glaube ich aus der Form des vorhandenen Stückes der Neuralspina schließen zu dürfen, daß es sich nur um den vordersten Lumbarwirbel oder den hintersten Thoracalwirbel handeln kann. Die Diapophyse ist verhältnismäßig kurz und ihr Hinterrand ist in der proximalen Hälfte winklig nach unten umgefalzt, sodaß ihr Querschnitt dem eines Winkeleisens ähnelt. Doch ist die so entstandene Crista nicht besonders stark. Der Wirbelkörper ist in der Mitte etwas eingeschnürt.

Maße.

Länge des Wirbelkörpers inkl. Condylus . . . . 87 mm
Länge des Condylus . . . . 35 „
Höhe der vorderen Wirbelfläche . . . . 54 „
Breite derselben . . . . 59 „
Höhe der hinteren Wirbelfläche . . . . 53 „
Breite derselben . . . . 50 „
Geringste Breite des Wirbels . . . . 35 „
Länge der Diapophyse . . . . 81 „
Breite derselben . . . . 32 „

? Dritter Caudalwirbel. Obwohl die Neurapophyse, die Diapophysen und die Zygapophysen abgebrochen sind, halte ich diesen Wirbel für einen der vordersten Schwanzwirbel, da er in der Unteransicht sehr schlank erscheint, der hintere Condylus schwach entwickelt ist und die vordere Zygapophyse (nach ihrem links noch erhaltenen basalen Teil zu urteilen) sich nicht viel über die ziemlich breite Bruchfläche der Diapophyse erhebt, also nicht stark nach aufwärts gerichtet ist. Obwohl der Wirbel nur sehr unvollkommen erhalten ist, ist er insofern doch wichtig, als er zeigt, daß bei *T. africanum* die breite Hohlkehle fehlt, die bei der rezenten Art sich vom dritten Schwanzwirbel ab über die Mitte der Unterseite zieht. Ich halte den Wirbel seiner Schlankheit wegen nicht für den zweiten. Sein Querschnitt ist schlank eiförmig (Spitze nach unten).

Maße.

Länge des Wirbels mit Condylus . . . . 74 mm
Länge des Wirbels ohne Condylus . . . . 55 „
Höhe der vorderen Gelenkfläche . . . . 56 „
Breite derselben . . . . 50 „
Höhe der hinteren Gelenkfläche . . . . 54 „
Breite derselben . . . . 38 „
Schmalste Stelle des Wirbels . . . . 32 „

? Vierter Caudalwirbel. Bei diesem Wirbel bin ich mir insofern im Zweifel, als ich nicht recht sagen kann, ob er vor oder hinter den vorhergehenden zu stellen ist. Er erscheint länger und weniger flachgedrückt als dieser und seine Unterseite ist leicht abgeflacht. Die Diapophysen und die Spina neuralis fehlen und nur die rechte Praezyg-apophyse ist erhalten. Diese steigt nur schwach nach vorn über den Oberrand der breiten Bruchfläche der Diapophyse auf. Ihre Gelenkfacette ist breit.

Maße.

Länge des Wirbels mit Condylus	81 mm
Länge des Wirbels ohne Condylus	66 „
Höhe der vorderen Gelenkfläche	53 „
Breite derselben	51 „
Höhe der hinteren Gelenkfläche	53 „
Breite derselben	47 „
Schmalste Stelle des Wirbels	36 „
Länge der Praezygapophysenfacette	20 „
Breite derselben	19 „

? Sechster Caudalwirbel. Der Neuralbogen ist bis auf den Sockel abgebrochen, nur eine Diapophyse ist erhalten. Da der Wirbel noch nicht sehr stark komprimiert ist, muß er der vorderen Schwanzregion angehören. Wirbelkörper und Diapophyse ähneln am meisten dem sechsten Caudalwirbel eines großen *T. schlegeli*. Die Hohlkehle der Unter-seite ist bei diesem Wirbel gut entwickelt und unterscheidet sich nicht von der des ent-sprechenden Wirbels der rezenten Art. Der hintere Condylus ist stärker als bei dieser, dagegen stimmen die Diapophysen in Form und Größe mit ihr überein.

Maße.

Länge des Wirbels inkl. Condylus	80 mm
Länge des Wirbels ohne Condylus	67 „
Höhe der vorderen Gelenkfläche	43 „
Breite derselben	43 „
Höhe der hinteren Gelenkfläche	—
Breite derselben	39 „
Schmalste Stelle des Wirbels	26 „
Länge der Diapophyse	67 „
Breite derselben	22 „

? Vierzehnter Caudalwirbel. Soweit sich nach vier von mir untersuchten Skeletten von *T. schlegeli* urteilen läßt, ist der dreizehnte oder vierzehnte Schwanzwirbel der letzte, der Diapophysen trägt. Legt man also ein rezentes Tomistoma zu Grunde, dürfte der vorliegende fossile Wirbel höchstens der vierzehnte Caudalwirbel sein. Für diesen erscheint er allerdings schon etwas zu stark flachgedrückt, doch kann dies auch auf Gesteinsdruck beruhen. Die Diapophysen sind abgebrochen, doch ist auf der gut er-haltenen rechten Seite sehr gut die Bruchfläche sichtbar, die die basale Breite der Di-apophyse erkennen läßt. Der Wirbel unterscheidet sich in manchen Punkten von dem der rezenten Art. Vor allem ist die Spina neuralis nicht so weit nach hinten gerückt, sondern steht nahezu direkt über der Mitte des Wirbelkörpers (den Condylus nicht mit-gerechnet). Bei *T. schlegeli* steht der Vorderrand ihres Basalteiles bereits hinter der Mitte. Sie ist ferner nur ganz leicht nach hinten geneigt und an der Basis nicht wesentlich breiter als an der Spitze; bei der rezenten Art ist die Neuralspina entschieden nach hinten geneigt und ihr hinterer Rand besonders an der Basis sehr stark verbreitert, sodaß sie eine ausgesprochen dreieckige Form bekommt. Die vorderen Zygapophysen sind bedeutend länger, als dies bei dem vierzehnten Schwanzwirbel von *T. schlegeli* der Fall ist, und viel weniger divergierend (Gesteinsdruck?). Ihre Gelenkfacetten sind bedeutend kleiner als bei der rezenten Art. Die Postzygapophysen fehlen. Der Condylus ist stärker entwickelt als bei *T. schlegeli*. Die Längsfurche der Wirbelunterseite ist gut ausgeprägt.

Maße.

Länge des Wirbelkörpers inkl. Condylus	86 mm
Länge desselben ohne Condylus	77 „
Höhe der vorderen Gelenkfläche	30 mm
Breite derselben	28 „
Höhe der hinteren Gelenkfläche	32 „
Breite derselben	25 „
Schmalste Stelle des Wirbels	11 „
Höhe der Spina neuralis	68 „
Basale Breite derselben	30 „
Spitzenbreite derselben	18 „
Abstand der Außenränder der Praezygapophysen . . .	16 „
Länge der Gelenkflächen derselben	12 „
Breite der Gelenkflächen derselben	6 „

Unteres Ende der rechten Scapula. Die ganze obere schaufelförmige Partie fehlt, auch ist die Vorderecke deformiert. Gut erhalten ist nur der halsartige Teil, der das schaufelförmige distale Ende mit dem ebenfalls verbreiterten Teil verbindet, der an das Coracoid anstößt. Die vordere Partie dieses Teiles ist deformiert, die hintere mit der Gelenkpfanne jedoch gut erhalten. Der „Hals" ist breiter wie bei einem großen *T. schlegeli*, die Gelenkpfanne dagegen wesentlich kleiner. Auch ist der ganze proximale Teil weniger verdickt. Dies scheint mir darauf hinzudeuten, daß die Vorderextremität schwächer entwickelt war als bei der rezenten Art, was wiederum auf ein ausschließlicheres Wasserleben hinweisen würde.

Maße.

Schmalste Stelle des halsartigen Teils	32 mm
Höhe der Gelenkpfanne	25 „
Breite derselben	24 „
Dicke des unteren Endes	30 „

Rechtes Ilium. Das Ilium ist stark flachgedrückt, die Gelenkpartie fehlt. Kaum unterschieden von der rezenten Art.

Erster Sakralwirbel. Bei diesem Wirbel fehlen der hintere Teil des Wirbelkörpers und fast der ganze Neuralbogen. Die vordere Gelenkpfanne ist ebenso breit und nur ein wenig höher als die des gleichen Wirbels eines etwa 4,5 m langen Skeletts von *T. schlegeli*; dagegen scheint der Wirbelkörper breiter gewesen zu sein. Die Sakralrippen-

sind bedeutend länger und schlanker als die der rezenten Art, ihr distales Ende ist nicht so stark verbreitert, wie bei dieser. Oben hat die Sakralrippe eine sehr scharfe Kante, von welcher aus ihre Oberfläche stark schräg nach vorn und hinten abfällt. Von vorn gesehen erscheint die Sakralrippe ferner stark bogenförmig nach unten gekrümmt.

Maße.

Höhe der vorderen Gelenkpfanne . . . . 51 mm
Breite derselben . . . . 55 „
Länge der rechten Sakralrippe . . . . 111 „
Größte Breite derselben am distalen Ende . . . . . 56 „
Schmalste Stelle derselben . . . . 26 „

Vierte linke Dorsalrippe. Die Rippenspitze ist weggebrochen. Am vorderen Rand ist keine wesentliche Spur einer Verbreiterung oder einer vorspringenden Ecke mehr zu sehen; dagegen läßt sich am proximalen Ende noch eine ausgeprägte Bifurkation erkennen, daß es sich nur um eine Rippe handeln kann, deren Capitulum noch an eine untere Diapophyse angelenkt war. Der Mangel einer Crista am vorderen Rippenrand einerseits und das Vorhandensein einer ausgesprochenen Bifurkation andererseits lassen nur die Deutung zu (gleiche Verhältnisse wie beim rezenten Tomistoma vorausgesetzt), daß es sich um die vierte Dorsalrippe handelt, denn nur bei dieser kann eine fast völlige Reduktion der Rippencrista bei gleichzeitiger Gabelung vorkommen. Daß diese Reduktion nicht immer eine gleich vollständige ist, läßt sich an den vier Skeletten feststellen, welche die Münchener Zoologische Staatssammlung von *T. schlegeli* besitzt. Wenn die Rippe wirklich zu dem gleichen Skelett gehörte wie der Unterkiefer und die bereits besprochenen Wirbel, war sie sehr schwach, denn sie bleibt an Größe hinter der gleichen Rippe des großen Schlegeli-Skeletts der Münchener Zoologischen Staatssammlung ganz entschieden zurück. Capitulum und Tuberculum sind kürzer und vor allem schlanker wie bei der rezenten Art, das Rudiment des vorderen Rippenteiles ist nur ganz schwach ausgeprägt und Capitulum und Tuberculum bilden zusammen keinen rechten, sondern nur einen spitzen Winkel.

Maße.

Länge des Capitulums . . . . 57 mm
Höhe seiner Artikulationsfläche . . . . 16 „
Breite derselben . . . . 13 „
Länge des Tuberculums . . . . 26 „
Höhe seiner Artikulationsfläche . . . . 19 „
Breite derselben . . . . 13 „
Breite des Rippenkörpers . . . . 26 „

Schädel mit Unterkieferresten.

Württemberg. Naturaliensammlung, Stuttgart. Taf. II, Figs. 4a und 4b.

Erhaltungszustand. Der Schädel ist durch starken Gesteinsdruck von oben nach unten flachgedrückt, auch ist der Cranialteil auf der rechten Seite etwas verzerrt. Auf dieser Seite ist der hinter der Postorbitalsäule gelegene Teil des Jochbeins weggebrochen und das Quadratojugale und das Quadratgelenk sind zerstört. Das Occiput ist flachgedrückt. Auf der Unterseite sind die Pterygoide und Transversa gegen das Schädeldach gedrückt und die ersteren sind zum großen Teil zerstört.

Allgemeiner Habitus. Das Schädeldach ist sehr breit mit großen Supratemporalgruben, das Occiput niedrig und die Hinterhauptsflügel weit nach außen ausladend. Die Orbitae sind ziemlich klein und quergestellt, die sehr lange und flache Schnauze verschmälert sich allmählich, die Praemaxillen sind schlank und nach vorn zu nicht stark verbreitert.

Genaue Beschreibung. Occipitalfläche und Hinterhauptsflügel. Das Occiput ist im Verhältnis zu seiner Breite sehr nieder, woran allerdings der Gesteinsdruck zum Teil schuld sein dürfte. Nähte sind kaum noch zu sehen, nur eine ganz geringe Nahtspur zeigt an, daß die Occipitalia lateralia in der Mitte zusammenstießen. Das Supraoccipitale springt nach hinten zu dreieckig vor, ist indessen so abgerollt, daß sich nichts genaueres über es sagen läßt. Die Hinterfläche des Schädels ist stark nach hinten und unten geneigt (wohl eine Folge des Gesteinsdrucks) und nicht steil abfallend; sie ist leicht konkav. Der Hinterrand des Cranialsegments springt leicht wulstartig über die Occipitalfläche vor. Die Exoccipitalia bilden außen nur einen schwachen Knorren. Die vom Exoccipitale und dem Squamosalflügel gebildete, dem Quadratum aufliegende Crista ist sehr nieder und fällt von der Hinterecke des Schädeldaches nach hinten zu nur ganz unbedeutend ab. Überhaupt steht der ganze, stark nach außen ausladende Hinterhauptsflügel nahezu horizontal und hat nur eine ganz unbedeutende Neigung nach unten. Auch der hinter dem Exoccipitalknorren liegende Teil des Quadratums ist nur ganz wenig nach unten gebogen; seine Oberfläche und mit ihr auch das Quadratgelenk sind von oben und außen leicht schräg nach innen und unten geneigt. Von oben gesehen ist der Hinterrand der Gelenkfläche leicht von vorn und außen nach hinten und innen orientiert, die Gelenkfläche selbst ist schräg von oben und hinten nach unten und vorn geneigt. Ihre Sattelung ist gering, aber immerhin deutlich sichtbar. Das ganz mit Gesteinsmasse ausgefüllte Foramen magnum war offenbar breiter als hoch. Der lang nach hinten ausgezogene Condylus occipitalis besitzt keine mediane Grube und ist fast doppelt so breit als hoch. Der untere Teil des Basioccipitale ist sehr breit. Leider ist er so schadhaft, daß weder Breite noch Länge genau angegeben werden können. Die Nervenlöcher sind nicht mehr sichtbar.

Schädeldach. Das Schädeldach ist sehr breit, erheblich breiter als lang, sowie fast eben. Der an der Bildung des Schädeldaches teilnehmende Teil der Squamosa ist leicht konkav. Die querovalen Supratemporalgruben sind sehr groß. Ihre Ränder sind nicht aufgeworfen, der zwischen ihnen liegende Teil des Parietale ist sehr schmal und vollständig flach. Auch die hintere und die seitliche Begrenzung der Supratemporalgruben sind sehr schmal und spangenförmig. Der zwischen dem Hinterrand der Orbitae und dem Vorderrand der Supratemporalgruben gelegene Teil des Frontale ist sehr breit und nur ganz wenig konkav.

Gesichtsteil. Die länglich ovalen Orbitae, deren Längsdurchmesser ungefähr gleich dem Querdurchmesser der Supratemporalgruben sind, konvergieren schräg von außen und hinten nach vorn und innen. Das Interorbitalspatium ist breit und nur spurweise konkav. Die Stirnregion fällt nur unmerklich vom Schädeldach gegen das Rostrum zu ab. Da die Ränder der Postorbitalgrube zerstört sind, ist ihre Form und Größe nicht mit Sicherheit zu bestimmen. Die Postorbitalsäule ist niedrig (infolge des Gesteinsdrucks), der hinter ihr gelegene Teil des Jugale ist sehr schlank aber seitlich komprimiert.

Schnauzenteil. Die Hauptverschmälerung der Schnauze ist beim neunten Maxillarzahn beendet; von da ab ist sie nur noch eine sehr geringe. Das Rostrum ist außerordentlich flach und seine Oberseite ist nahezu völlig eben, sodaß der Abfall nach unten erst unmittelbar an den Rändern stattfindet. In der Aufsicht gesehen sind seine Seitenränder durch die vorspringenden Alveolen leicht gewellt. Nach unten zu springen die Alveolen noch stärker hervor. Beim ersten Maxillarzahn (von vorn gerechnet) erscheint das Rostrum leicht verbreitert, vor ihm erfolgt dann ziemlich plötzlich die Praemaxillareinschnürung. Die Praemaxillen selbst sind schlank und langgestreckt und nach vorn zu löffelförmig verbreitert. Ihre größte Breite liegt beim dritten Praemaxillarzahn. Die Nasalapertur ist herzförmig, das spitze Ende nach hinten gerichtet. Ihre größte Breite liegt direkt hinter ihrem leicht konkaven Vorderrand und ist gleich ihrem Längsdurchmesser. Auch die Praemaxillen sind sehr flach, aber immerhin noch stärker gewölbt wie die Maxillen.

Knochennähte sind nicht mit Sicherheit nachzuweisen. Ab und zu kann man Teile der Nähte der Nasalia mit den Maxillen erkennen; die Nasalia scheinen sehr schlank gewesen zu sein und in einer feinen Spitze in der Gegend des zweiten Maxillarzahnes geendet zu haben.

Unterseite des Schädels. Die Pterygoide sind, wie bereits erwähnt, zum großen Teil zerstört, sodaß sich über sie nicht viel sagen läßt. Relativ gut erhalten sind die Choanen, die, breiter als lang, hinten geradlinig abgestutzt und vorn halbkreisförmig verrundet sind. Ein Medianseptum ist nicht feststellbar. Hinter ihnen ist die Apertura eustachii sichtbar. Wie über die Pterygoide läßt sich auch über die stark zerdrückten und abgerollten Transversa kaum etwas aussagen. Die Palatingruben sind noch sehr gut sichtbar, wenn schon ihre Umgrenzungen nicht mehr sehr scharf sind. Sie sind langgestreckt, vorn sehr stark und hinten etwas weniger spitzwinklig. Ihr Innenrand ist nur schwach konkav, der Außenrand stumpfwinklig nach außen gebogen. Ihre vordere Spitze liegt hinter dem zwölften Zahn der Maxilla. Die Palatina sind schlank und ohne sanduhrförmige Einschnürung in der Mitte. Die vordere Naht eines jeden Palatinums bildete einen spitzen, sich in die Maxilla einkeilenden Winkel. Das Foramen incisivum ist ein schmaler Spalt. Die Alveole des zweiten Praemaxillarzahnes ist sehr klein und sitzt dicht an der des dritten. Es sind fünf Praemaxillar- und 16 Maxillarzähne vorhanden. Nach den Alveolen zu urteilen waren die Zähne nur ¦wenig nach außen und vorn gerichtet. Zwischen dem sechsten und elften Zahn der Maxillen sind die Alveolarzonen schräg von unten und innen nach oben und außen gerichtet. Zwischen den beiden Alveolarflächen ist das Rostrum gewölbt und trägt in der Mitte eine Längsrinne. Interdentalgruben sind nicht vorhanden.

Skulptur. Die Skulptur ist nur sehr schwach ausgeprägt und besteht auf dem Rostrum aus feinen Längsgruben und auf dem Gesichts- und Schädelteil mehr aus kürzeren Gruben und Vertiefungen.

Unterkiefer. Vom Unterkiefer sind bei dem vorliegenden Rest nur die hinteren Partien der beiden Rami erhalten. Der rechte Unterkieferast ist etwa in der Mitte der Region der Apertura mandibularis externa abgebrochen, bei dem linken sind nur die hinter der Apertura gelegenen Partien erhalten. Um Wiederholungen zu vermeiden beschreibe ich nur den rechten Ramus.

Von der Seite gesehen ist der Artikularfortsatz ziemlich schlank; er ist weniger stark nach oben aufgebogen wie bei *T. schlegeli* und deutlich nach innen gekrümmt, so daß die beiden Artikularenden nach innen zu konvergieren. Diese Konvergenz ist etwas stärker ausgeprägt als bei der rezenten Art. Auf der Oberseite des Artikularhinterendes befindet sich der gleiche Längswulst, wie bei letzterer. Durch ihn wird die Artikular-oberfläche in eine schmale Außen- und eine breitere Innenzone geteilt. Zum Unterschied von *T. schlegeli*, wo die Außenzone stark schräg nach unten zu abfällt, ohne einen erhöhten Außenrand zu bilden, fällt sie bei dem vorliegenden Rest nur schwach nach außen und unten ab und ist konkav, sodaß ihr Außenrand etwas emporgebogen erscheint. Die Innen-zone fällt nur mäßig nach unten ab und ist stark verbreitert. Die Verbreiterung springt nach innen zu stark über den Innenrand des Quadratgelenks vor. Die dachartige Ver-breiterung ist bei dem vorliegenden Rest stärker entwickelt als bei *T. schlegeli*. Die Ge-lenkfläche des Unterkiefers ist durch einen niederen Wulst in eine schmälere innere und eine breitere äußere, leicht konkave Partie geschieden. Die gesamte Gelenkfläche ist etwas stärker querverbreitert wie bei der rezenten Art. Die Skulptur reicht bis zum Artikular-fortsatz und ist zwar nicht sehr stark ausgeprägt, aber sehr dicht.

Schädel, Unterkiefer und Skelettreste.

Paläontol. Sammlung, München. 1905. XIII. d. 14.   Norden des Fajûm (Qasr es Sagha-Stufe).
Markgraf leg. 1905.

Erhaltungszustand. Der Schädel ist durch Gesteinsdruck stark deformiert. Beim Cranial- und Orbitalsegment fehlen sämtliche Knochen der Unterseite, dagegen ist das Occiput bis zum Condylus (inklusive) erhalten. Bei der Mandibel ist der vordere Teil der Symphyse zerstört und beide Kieferäste sind in der Gegend des Foramen mandibulare entzweigebrochen. Hierbei sind auf der linken Seite große Partien verloren gegangen. Der Symphysenteil ist außerdem teilweise stark verwittert.

Genaue Beschreibung.

Allgemeine Gestalt. Die ursprüngliche Form des Schädels läßt sich nur mehr annähernd feststellen, da der Gesteinsdruck so stark war, daß das Schädeldach zwischen die Jochbogen hineingepreßt wurde; immerhin läßt sich noch manches erkennen. Der Schädel erscheint vor allem sehr langschnauzig; die Entfernung vom Vorderrand der Or-bita bis zur Schnauzenspitze beträgt nahezu das dreieinhalbfache der Entfernung vom Vorderrand der Orbita bis zum Hinterrand des Quadratgelenks. Der Gesichtsteil ist sehr kurz, da die Orbitae nicht wie bei *T. schlegeli* nach vorne ausgezogen, sondern quergestellt sind. Das eigentliche Schädeldach ist groß und breit, merklich größer als bei einem gleichlangen Schädel der rezenten Art. Die Hinterhauptsflügel sind nach hinten ausge-zogen, jedoch seitlich nicht stark divergierend; das Occiput ist niederer wie bei *T. schlegeli*. Das Rostrum verjüngt sich allmählich nach vorn; bis zur Gegend des neunten Maxillar-zahnes ist diese Verschmälerung eine plötzlichere, von da ab verjüngt sich die Schnauze nur unbedeutend bis zum vordersten Maxillarzahn. Unmittelbar vor diesem erfolgt eine plötzliche Einschnürung des Rostrums; die Schnauzenspitze selbst ist wiederum löffelförmig verbreitert. Charakteristisch sind ferner die große Nasal-Apertur, die sehr großen Supratemporalgruben und die relativ kleinen und schräg gestellten Orbitae. Der Unterkiefer ist schlanker wie bei *T. schlegeli*, die Symphyse ist schmäler und die Unterkieferäste sind nicht so hoch.

Genaue Beschreibung.

Occipitalfläche und Hinterhauptsflügel. Das Occiput ist nieder und breit. Seine obere Profillinie senkt sich beiderseits des Oberrandes des Supraoccipitale leicht nach außen und unten. Die obere Kante des dem Quadratum aufliegenden Flügels des Squamosums ist nur wenig von vorn und oben nach hinten und unten geneigt, weit weniger, als dies bei *T. schlegeli* der Fall ist; auch der das Kiefergelenk tragende Teil des Quadratums senkt sich nur unbedeutend nach hinten und unten. Die Hinterfläche des Supraoccipitale steht völlig senkrecht, auch die Rückseite des an der Bildung der Occipitalfläche beteiligten Teiles der Squamosa fällt senkrecht ab; die Hinterseite des den Quadratis aufliegenden Teiles der Squamosa ist schräg gestellt. Bei *T. schlegeli* überragt an der eigentlichen Occipitalfläche der obere Rand den unteren, an den Hinterhauptsflügeln fällt ihre Rückseite nahezu senkrecht ab. Hierdurch erscheint das Hinterhaupt der rezenten Art viel mehr ausgehöhlt, als das von *T. africanum*. Da die Occipitalia lateralia an ihrem oberen Teile konkav sind und schräg von vorn-oben nach hinten-unten abfallen, erscheint die ganze untere Occipitalfläche bei *T. africanum* schräg geneigt im Gegensatz zu der fast steil abfallenden von *T. schlegeli*. Der Condylus occipitalis ist sehr lang, wodurch die Occipitalfläche noch mehr nach hinten ausgezogen erscheint.

Das Supraoccipitale hat die Form eines stumpfwinkligen Dreiecks, dessen Spitze nach abwärts gerichtet ist. Seine obere Randfläche, die vom Parietale durch einen schmalen Spalt getrennt ist, trägt in der Mitte einen Fortsatz, der sich bis zur Oberfläche des Parietale erstreckt und von hinten her mit drei Zacken in dieses eingreift. Von oben gesehen springt das Supraoccipitale nach hinten zu über den Hinterrand des Parietale vor, sodaß die beiderseits des medianen Fortsatzes liegenden Flächen etwa in Zentimeterbreite sichtbar sind. Diese Flächen liegen bei *T. africanum* horizontal, bei *T. schlegeli* sind sie dagegen schräg nach unten geneigt. Die Hinterfläche des Supraoccipitale trägt in der Mitte einen senkrechten Kiel und ist beiderseits desselben etwas ausgehöhlt. Sie ist ferner wesentlich schmäler wie bei der rezenten Art; bei *T. africanum* verhält sich die Höhe zur Breite wie 7 zu 11, bei *T. schlegeli* wie 7 zu 15. Sehr auffallend ist die beträchtliche Länge des Condylus. Die Entfernung vom Foramen magnum bis zum Hinterende desselben beträgt 55 mm, seine Breite 43 mm; bei einem gleich großen Schädel von *T. schlegeli* betragen die gleichen Maße 43 mm, bezw. 47 mm. Die Basis des Condylus ist bei *T. africanum* breit, dann folgt eine halsartige Verjüngung und hierauf der eigentliche Gelenkkopf. Die Naht zwischen dem Basioccipitale und den Exoccipitalen reicht nicht, wie bei der rezenten Art, bis zu dem Gelenkkopf heran, sondern die an den Gelenkkopf anstoßende Partie des „Halses" des Condylus wird lediglich von dem Basioccipitale gebildet. Oberseits trägt er eine breite, flache, nach hinten spitzwinklig verlaufende Medianfurche, die auf den eigentlichen Gelenkkopf übergreift, wodurch dieser breit eingekerbt erscheint. Hinten befindet sich an dem Gelenkkopf im Gegensatz zu *T. schlegeli* keine Medianfurche. Die nicht vollständig erhaltenen Occipitalia lateralia sind im Verhältnis zu ihrer Höhe sehr breit und schlank. Die Naht zwischen Occipitale laterale und Squamosum verläuft schräg nach außen und unten, sodaß sich ersteres nach außen zu stetig verschmälert. Nur das Außenende bildet einen etwas verdickten Knorren, welchem das Squamosum flach aufliegt. Die untere Kontur der Occipitalia lateralia läuft von hinten gesehen fast geradlinig nach außen. Die Naht, welche sie zwischen dem Supraoccipitale und dem Foramen magnum miteinander bilden, ist sehr kurz; kürzer als dies bei *T. schlegeli* der Fall ist. Ihre Länge ist gleich der halben Höhe des Supraoccipitale. Das ganze Exoccipitale ist bei *T. africanum* schlanker wie bei der rezenten Art. Die Grenze zwischen dem oberen Hauptteil des Exoccipitale und dem abwärts gerichteten, dem Basioccipitale anliegenden Flügel wird durch eine schwache Crista gebildet, die sich über dem Foramen jugulare hinzieht und dann in den hinteren und unteren Rand des Hauptteiles übergeht. Von oben gesehen macht dieser Unterrand dicht bei dem Condylus eine scharfe Biegung und verläuft dann nahezu geradlinig bis zu dem Knorren. Bei *T. schlegeli* sind die Exoccipitalia viel gedrungener (im Verhältnis zu ihrer Breite höher), ihre obere Konturlinie senkt sich stärker nach außen und unten und wendet sich kurz vor dem Endknorren scharf nach oben. Noch schärfer ist diese Aufbiegung bei der unteren Konturlinie ausgeprägt, sodaß bei *T. schlegeli* die ganze Endpartie der Exoccipitalia nach aufwärts gekrümmt erscheint. Die Hinterfläche des Squamosums ist bei *T. africanum* nahezu senkrecht gestellt, doch springt ihr Oberrand leicht nach hinten zu vor, sodaß eine schwach überhängende Fläche entsteht. Doch ist dieselbe nicht konkav, wie bei *T. schlegeli*, sondern die gesamte Hinterseite des Squamosalkörpers wölbt sich eher in Form eines breiten Wulstes etwas über die obere konkave Fläche des Exoccipitale vor. Die Hinterseite des dem Quadratum aufliegenden Squamosalflügels dagegen fällt schräg von oben nach unten und außen ab. Bei *T. schlegeli* springt der obere Rand des Squamosalkörpers leicht dachförmig über die stark ausgehöhlte Hinterseite vor, die Rückwand der Seitenflügel dagegen steht fast senkrecht. Wie die Occipitalia lateralia erscheinen auch die Squamosa bei *T. africanum* von hinten gesehen sehr schmal und langgestreckt; besonders die Flügel machen einen sehr schlanken Eindruck, der noch dadurch verstärkt wird, daß die obere Kante dieser Flügelteile von den Hinterecken des skulptierten Squamosalkörpers ab nur leicht schräg nach hinten und unten abfällt, während bei der rezenten Art dieser Abfall ein ziemlich steiler ist. Die Rückseite des Parietale ist jederseits des medianen Supraoccipitalfortsatzes in Form einer dünnen Leiste über der bereits erwähnten Furche sichtbar. Die Hinterhauptsflügel sind sehr lang; sie sind hauptsächlich nach hinten gerichtet und divergieren nur relativ schwach nach außen. Der rückwärts des Exoccipitalknorrens gelegene Teil des Quadratums ist ziemlich kurz, nicht ganz halb so lang, wie bei einem gleichgroßen Exemplar von *T. schlegeli*. Seine leicht konkave Oberfläche ist bis auf eine schwache Neigung von vorn und oben nach hinten und unten horizontal orientiert. Die Oberränder der Gelenkfläche des Quadratums sind scharf aufgerandet, der dem Quadratojugale anliegende hintere Teil ist flach aufgewulstet. Bei *T. schlegeli* fällt der hinter dem Exoccipitalknorren gelegene Teil des Quadratums stark schräg nach hinten und unten ab, auch die Neigung nach innen und unten ist nicht unbeträchtlich. Der Rand der Gelenkfläche ist bei ihm nicht aufgeworfen, ebensowenig ist sein dem Quadratojugale anliegender Teil aufgewulstet. Bei dem fossilen Rest ist die Quadratgelenkfläche nur leicht eingesattelt. Die Einsattelung liegt nicht in der Mitte, sondern ist mehr nach der inneren Ecke des Gelenkkopfs zu gelagert. Von oben gesehen erscheint der Gelenkkopf leicht schräg von vorn und außen nach hinten und innen orientiert. Bei *T. schlegeli* erscheint die Einsattelung der Gelenkfläche eine sehr beträchtliche; sie ist durch eine tiefe Einkerbung in einen äußeren, großen, gerundeten und einen inneren, kleineren, an seinem inneren und hinteren Rand scharfkantigen Teil geschieden. Der äußere Teil ist bedeutend länger als hoch, der innere viel höher als lang. Die Quadratgelenkfläche von *T. africanum* ist mithin stark von der von *T. schlegeli* unterschieden und ähnelt schon mehr der eines *Gavialis*.

Schädeldach. Die Knochen, welche das große und vor allem sehr breite Schädeldach zusammensetzen, sind verhältnismäßig flach und bilden einen schlanken Rahmen für die sehr großen Schläfengruben. Letztere haben die Gestalt eines verschobenen Vierecks mit stark abgerundeten Ecken; ihre hintere Seite ist länger als die vordere, ebenso ist die Außenseite länger als die innere. Von den Wandungen der Supratemporalgruben fallen die hinteren und inneren steil schräg nach unten ab, die Vorderwände stehen senkrecht, die Außenwände sind oben überhängend. Das Parietale hat die Form eines X, sein zwischen den Supratemporalgruben gelegener Teil ist außerordentlich schmal. Die Grenzen der einzelnen Knochen des Cranialteiles lassen sich indes nicht mehr genau feststellen, da die Knochennähte nicht mehr sichtbar sind. Der die Schläfengruben hinten begrenzende Teil der Squamosa ist sehr schlank, desgleichen der sie seitlich begrenzende Reif. Wie weit das Squamosum an der Bildung desselben beteiligt ist, läßt sich nicht mehr feststellen. Die Postfrontalen sind etwas massiger als die übrigen die Supratemporalgruben einrahmenden Knochen und bilden ein scharfes über den Ansatz des Postorbitalpfeilers vorspringendes Eck.

Orbitalsegment. Die fossile Art ist von der rezenten sehr wesentlich durch die Stellung der Augen unterschieden. Wie bei *T. schlegeli* sind bei ihr zwar die Orbitae nach oben gerichtet, doch sind sie nicht spitzwinklig ausgezogen, sondern abgerundet und mehr quergestellt; sie haben die Form eines Eies, dessen breiter Teil nach vorn und innen und dessen spitzer nach hinten und außen gerichtet ist. Ferner schneiden sich die größten Durchmesser der Orbitae bei *T. africanum* in ihrer Verlängerung beinahe rechtwinklig, bei der rezenten Art dagegen stark spitzwinklig. Die von dem Postfrontale gebildete vordere Außenecke des Cranialsegments springt stark über das Lumen der Orbita vor. Das Interorbitalspatium ist breit und beträgt nahezu drei Viertel der Länge des größten Orbitaldurchmessers. Über den Jochbogen läßt sich seines schlechten Erhaltungszustandes wegen wenig sagen. Das Jugale scheint an seinem vorderen Teil an der oberen Kante etwas stärker aufgewulstet gewesen zu sein, als dies bei erwachsenen Exemplaren von *T. schlegeli* der Fall ist; sie ist jedoch nicht stärker aufgewulstet als bei jungen Stücken der rezenten Art.

Schnauzenteil. Das Rostrum ist sehr schlank und stark deprimiert. Die Depression ist allerdings zum Teil durch Gesteinsdruck verursacht. Bis zum achten Maxillarzahn — von vorn gerechnet — verschmälert sich das Rostrum ziemlich kontinuierlich, vom achten bis zum ersten Zahn bleibt die Schnauze indes annähernd gleich breit; doch ist in der Gegend des fünften Maxillarzahns eine leichte Anschwellung zu konstatieren, wie dies — allerdings in noch stärkerem Maße — auch bei *T. schlegeli* der Fall ist. Die Praemaxillarnaht beginnt an den Seiten kurz vor dem ersten Maxillarzahn, die Praemaxillen sind nach hinten in zwei lange bis in die Region des fünften Maxillarzahnes reichende

Spitzen ausgezogen, die die Nasalia beiderseits umgreifen. Die Nasalia sind, soweit sich dies feststellen läßt, sehr schlank — an der Schnauzenbasis läßt sich die Nasalnaht nicht mehr erkennen — und ziehen sich in Form einer schmalen Spitze bis in die Gegend des ersten Maxillarzahnes. Nach der plötzlichen Einschnürung kurz vor dem ersten Maxillarzahn verbreitern sich die Praemaxillen allmählich bis zum dritten Praemaxillarzahn (von vorn gerechnet) und erreichen dort ihre größte Breite. Vor dem dritten Praemaxillarzahn befindet sich eine beträchtliche Ausbuchtung zur Aufnahme des ersten Zahnes der Mandibel. Auch die Praemaxillarregion ist bedeutend stärker abgeplattet als bei *T. schlegeli*. Die Nasalapertur ist eiförmig, das breite Ende ist nach vorn gerichtet, die vordere Randlinie nach hinten zu leicht ausgebogt. An dem hinteren spitzen Ende springt ein Knochenzapfen etwa ein Zentimeter weit in das Lumen vor, sodaß dieses hier eine scharfe Einkerbung erfährt. Die Intermaxilla trägt fünf Zähne; der dritte Zahn ist am größten, der zweite sitzt dicht vor der Basis des dritten. Es waren 17 oder 18 Maxillarzähne vorhanden; bei dem schlechten Erhaltungszustand des hinteren Teiles der Maxilla läßt sich die Zahl leider nicht mehr mit absoluter Genauigkeit feststellen. Interdentalgruben sind nicht zu bemerken. Die Unterseite des Rostrums ist zwischen den beiden Zahnreihen schwach konkav wie bei *T. schlegeli* und nicht leicht emporgewölbt, wie dies bei *Gavialis* der Fall ist.

Da die ganze untere Partie des Gesichts- und Cranialteiles fehlt, läßt sich über die Form und Größe der Transversa, Palatina und Pterygoidea nichts sagen.

Die unteren Flächen des Frontale und des Parietale verhalten sich wie bei *T. schlegeli*, nur ist die Crista an der Unterseite des Parietale etwas stärker entwickelt.

Unterkiefer. Wie der Schädel ist auch der Unterkiefer schlank und viel weniger massig gebaut wie bei der rezenten Art. Die Länge des Symphysenteiles steht zur Länge eines Unterkieferastes etwa in dem Verhältnis von 7 zu 5, also annähernd in dem gleichen Verhältnis wie bei *T. schlegeli*. Da auf der linken Seite die Randpartien abgebröckelt sind, ist die Breite der Symphyse nicht mit Sicherheit festzustellen, indes läßt sich erkennen, daß sie schmaler war wie bei der rezenten Art; auch ist sie mehr flachgedrückt als bei dieser letzteren. Bei einem gleich langen Schädel von *T. schlegeli* beträgt die Höhe der Symphyse an ihrer Basis 65 mm, bei dem vorliegenden Rest nur 47 mm. Nach vorn zu verschmälert sich der Symphysenteil ganz allmählich bis in die Gegend des vierten (von vorn gerechnet) Mandibularzahnes; darauf erfolgt eine nicht unerhebliche Verbreiterung des Endteiles, die beim zweiten Mandibularzahn ihr Maximum erreicht. Zwischen den beiden Zahnreihen ist die Oberseite der Symphyse mit Ausnahme ihres Endabschnittes (vom vierten Zahn ab) leicht gewölbt. Der Endabschnitt ist flach und etwas nach oben gekrümmt. Die Außenränder der Symphyse, welche die Zahnreihen tragen, sind schräg nach außen und unten geneigt, die Ränder der Alveolen springen in der Mittelpartie der Symphyse bogig über die Außenränder derselben vor. Die Zähne sind daher stark nach außen gerichtet; auch sind sie etwas nach vorn orientiert, unterscheiden sich also in ihrer Stellung nicht unerheblich von denen von *T. schlegeli*. Den Alveolen nach zu urteilen, waren sie in ihrer Gesamtheit eher derber als schwächer wie die der rezenten Art. Ihre Zahl beträgt 20, der erste und vierte sind am größten. Hierin stimmt der fossile Rest mit *T. schlegeli* überein. Interdentalgruben sind nicht erkennbar. Der Unterkieferramus ist niederer und schmächtiger als dies bei *T. schlegeli* der Fall ist; seine größte Höhe erreicht er kurz hinter der Apertura mandibularis externa. Er ist um etwa ein Siebentel niederer als bei einem gleichlangen Schädel von *T. schlegeli*. Die Apertura mandibularis ist etwas kleiner als bei der rezenten Art. Die Gelenkpfanne ist bei weitem nicht so tief ausgehöhlt, wie bei letzterer. Eine flache sattelförmige Erhebung ist in ihr deutlich zu erkennen und entspricht der Einsattelung des Condylus maxillaris. Der von dieser Erhebung aus einwärts gelegene Teil der Gelenkpfanne hat einen bedeutenderen Längsdurchmesser, wie der auswärts gelegene Teil und ragt über den Innenrand des Articulare dachförmig vor. Dieses Überragen ist indes nicht so stark ausgeprägt wie bei *T. schlegeli*. Der hinter der Gelenkpfanne liegende Teil des Artikulare ist mäßig stark nach aufwärts gekrümmt und eher kürzer wie länger als bei der rezenten Art. Er hat oben einen stumpfen Mittelkiel. Leider ist der einwärts dieses Kieles gelegene, dachartig über die Innenwand des Articulare vorspringende Teil bei dem fossilen Rest weggebrochen.

Der vorliegende Unterkiefer weicht in folgenden Punkten von der Originalbeschreibung des *T. africanum* ab:

1. Die Apertura mandibularis ist etwas kleiner — nicht größer — wie bei *T. schlegeli*.
2. Die Gelenkpfanne hat eine mediane, sattelförmige Erhöhung.
3. Der Artikularfortsatz ist im Verhältnis nicht größer, sondern eher etwas kleiner wie bei *T. schlegeli*.

Zu dem Schädel gehören noch folgende Reste:

Wirbel. Es liegen mir zwei Halswirbel, ein Brustwirbel, ein Lendenwirbel und zwei Schwanzwirbel vor. Leider sind die Halswirbel nicht gut erhalten. Es ist vor allem bei beiden die Neuralspina abgebrochen und auch die Zygapophysen sind mehr oder weniger beschädigt. Es ist daher nicht mit völliger Sicherheit zu sagen, um welche Halswirbel es sich handelt, indes scheint es sich, der Stellung der Diapophysen nach zu urteilen, um den sechsten und siebenten Halswirbel zu handeln. Die Neuralbögen der mir vorliegenden beiden Halswirbel erscheinen niedriger — im Verhältnis zum Wirbelkörper also kleiner — als bei der rezenten Art; die Diapophysen sind schräger nach unten gerichtet und auch etwas mehr nach dem unteren Rand des Wirbelkörpers verschoben. Auch sind sie mehr abgeflacht wie bei *T. schlegeli* und ihre Artikulationsflächen erscheinen daher länger und schmaler. Die Hypapophyse des sechsten Halswirbels ist beschädigt, die des siebenten ist eine, die vordere Hälfte der Unterseite des Wirbelkörpers einnehmende, hohe, seitlich komprimierte mediane Crista, die jedoch im Gegensatz zu der rezenten Art nach vorn zu in einen über den Wirbelkörper vorspringenden, kurzen spornartigen Fortsatz ausgezogen ist.

Maße.

	6. Halswirbel	7. Halswirbel
Länge des Wirbelkörpers	73 mm	73 mm
Breite desselben zwischen den Diapophysen	35 „	40 „
Höhe der Fossa articularis	47 „	50 „
Breite der Fossa articularis	49 „	50 „
Höhe des Neuralkanals	16 „	17 „
Breite des Neuralkanals	14 „	15 „

Der Brustwirbel dürfte entweder der siebente oder der achte sein. Die Zygapophysen, die Neuralspina und die linke Diapophyse sind bei ihm beschädigt. Verglichen mit der rezenten Art erscheint bei ihm die Form des Wirbelkörpers etwas gestreckter; die Gelenkfläche für das Capitulum der Rippe ist kleiner und springt nicht so eckig vor und auch die Facette für das Tuberculum scheint etwas schwächer entwickelt zu sein. Doch kann hier auch Abrollung vorliegen. Die Gelenkfacetten der Zygapophysen scheinen rundlich eiförmig gewesen zu sein, während sie bei *T. schlegeli* länglich oval sind.

Maße.

Länge des Wirbelkörpers	83 mm
Geringste Breite desselben	36 „
Höhe der Fossa articularis	52 „
Breite der Fossa articularis	52 „
Gesamthöhe des Wirbels (Spina neuralis inbegriffen)	124 „
Länge der Diapophyse	125 „
Breite der Diapophyse	44 „
Höhe der Spina neuralis (vom Neuralkanal ab)	74 „
Von dem Vorderrand der Praezygapophyse bis zum Hinterrand der Postzygapophyse	81 „

Der Lumbarwirbel ist vermutlich der letzte (21. Wirbel). Er ist gut erhalten, nur die rechte Postzygapophyse ist abgebrochen. Von dem gleichen Wirbel der rezenten Art unterscheidet er sich durch folgende Merkmale: Der Wirbelkörper ist weniger sanduhrförmig eingeschnürt und hat auf seiner Unterseite keine Spur eines Mediankieles. Seine untere Profillinie verläuft gerade und nicht konkav, wie bei *T. schlegeli*. Die vordere Gelenkpfanne ist beträchtlich kleiner, wie bei der rezenten Art. Bei einem annähernd gleich langen Wirbel der letzteren beträgt ihr Breitendurchmesser 57 mm und ihr Höhendurchmesser 47 mm, bei dem fossilen Rest beträgt der Breitendurchmesser 48 mm und der Höhendurchmesser 43 mm. Auch der Condylus ist bei letzterem etwas, wenn auch nicht erheblich, kleiner. Die Processus transversi sind im Verhältnis zum Wirbelkörper bedeutend kleiner als bei *T. schlegeli*, die Spina neuralis ist niedriger, breiter und an der Basis nicht breiter als an ihrem oberen Ende, und die Zygapophysen sind kürzer und plumper wie bei der rezenten Art. Wie bei dem Brustwirbel sind ihre Gelenkflächen breit eiförmig und nicht schmal oval, wie bei *T. schlegeli*. Die Processus transversi fallen leicht schräg nach außen und unten ab, während sie bei der rezenten Art eher etwas ansteigen.

Maße.

Totallänge des Wirbelkörpers	72 mm
Geringste Breite desselben	45 „
Gesamthöhe des Wirbels	117 „
Höhendurchmesser der Gelenkpfanne	44 „
Breitendurchmesser derselben	49 „
Länge des Processus transversus	60 „
Breite desselben	25 „
Höhe der Spina neuralis	60 „

Breite der Spina neuralis . . . . 48 mm
Höhe des Neuralkanals . . . . 10 „
Breite desselben . . . . 14 „
Entfernung vom Vorderrand der linken Praezygapophyse bis zum Hinterrand
    der linken Postzygapophyse . . . . 73 „
Länge der Gelenkfläche der Praezygapophyse . . . . 32 „
Breite derselben . . . . 24 „
Länge der Gelenkfläche der Postzygapophyse . . . . 25 „
Breite derselben . . . . 23 „

Schwanzwirbel. Beide Schwanzwirbel, von denen der eine etwa der Mitte des zweiten, der andere dem Anfang des letzten Schwanzdrittels angehört, sind schlecht erhalten. Es läßt sich jedoch aus ihnen immerhin ersehen, daß sie im Verhältnis zu ihrer Höhe (ohne die Spina neuralis) bedeutend kürzer waren als bei *T. schlegeli.* Des weiteren waren sie weniger uhrglasförmig eingeschnürt und endlich erscheint die Spina neuralis weniger nach hinten gerückt. Zu einem großen Teil ist dies allerdings nur scheinbar, denn dem fossilen Rest fehlt die rückwärtige Verbreiterung der Spinalbasis, die in Form einer über den Postzygapophysen sich gabelnden und auf diese übergreifenden Crista bei dem rezenten Tomistoma vorhanden ist. *T. africanum* verhält sich hier mehr wie die rezenten Crocodilusarten, wo von der zweiten Schwanzhälfte ab nach rückwärts keine Verbreiterung der Neuralspina mehr stattfindet. Bei dem einen Wirbel sind noch kleine Processus transversi vorhanden, bei dem zweiten nicht mehr. Bei *T. schlegeli* haben alle Wirbel, welche noch Diapophysen tragen, auf der Unterseite des Wirbelkörpers eine ziemlich tiefe, beiderseitig scharfkantig begrenzte Medianfurche, die bei den Wirbeln ohne Diapophysen immer flacher wird, je mehr sie dem Schwanzende genähert sind. Bei *T. africanum* ist diese Medianfurche nur schwach ausgeprägt.

Maße.

	Vorderer	Hinterer
Länge des Wirbels	74 mm	70 mm
Breite desselben	14 „	14 „
Höhe (ohne Spina neuralis)	45 „	41 „

Rippen. Von Rippen liegen sowohl Hals- als auch Brustrippen vor. Die Halsrippen ähneln denen der rezenten Art im allgemeinen sehr, nur sind bei ihnen die Artikulationsfacetten von Capitulum und Tuberculum länger und schmaler. Ferner erscheint die Rippe selbst weniger flachgedrückt und ihr hinteres Ende weniger ausgehöhlt. Von Brustrippen liegen mir je eine erste (achte Cervicalrippe) und zweite der rechten Seite vor. Die erste Rippe ist im allgemeinen plumper, kräftiger und weniger seitlich komprimiert, wie bei *T. schlegeli.* Das Capitulum ist an der Basis verjüngt und an der Gelenkfläche verdickt und ferner nur mäßig flachgedrückt. Bei *T. schlegeli* ist die Basis breit und die Artikulationsfläche nicht verdickt. Die Ausbuchtung zwischen Capitulum und Tuberculum ist bei *T. africanum* stärker wie bei der rezenten Art, die scharfe, eckförmig nach außen und unten vorspringende seitliche Crista des vorderen Teiles der Rippe ist bei dem fossilen Rest schwächer entwickelt als bei ihr. Während bei *T. africanum* bei der ersten Brustrippe Capitulum und Tuberculum etwas länger und schlanker erscheinen, als bei *T. schlegeli*, gilt für die zweite Rippe das Gegenteil. Capitulum und Tuberculum sind ziemlich robust und die Gelenkfläche des Tuberculum ist bei weitem größer wie bei *T. schlegeli*. Die seitliche Crista ist auch hier schwächer entwickelt wie bei der rezenten Art, auch war die Rippe selbst robuster und plumper gebaut.

Auch die dritte Rumpfrippe ist kräftiger und gedrungener gebaut und ihr Capitulum ist etwas kürzer aber breiter wie bei *T. schlegeli*. Die Artikulationsflächen dagegen sind kleiner als bei letzterem, die des Tuberculums außerdem noch weit mehr länglich oval, nicht rundlich. Die seitliche Crista ist leider weggebrochen, scheint aber ziemlich hoch gewesen zu sein.

Von den beiden vierten Brustrippen ist die hintere Hälfte weggebrochen. Das Tuberculum derselben ist kürzer als bei der rezenten Art und seine Gelenkfacette mehr länglich. Das Capitulum ist gerade gestreckt und mehr schräg nach vorn geneigt, sonst aber steht es im gleichen Verhältnis zur eigentlichen Rippe wie bei *T. schlegeli*. Die seitliche Crista ist bei der rezenten Art bei dieser Rippe vorn noch vorhanden, geht aber bald in die Vorderkante der Rippe über und bildet dort einen hohen Kamm. Bei dem fossilen Rest ist seitlich nur mehr ein schwacher Längswulst, nicht aber eine scharfe Kante sichtbar und die eigentliche Crista, die ziemlich hoch ist, sitzt der Vorderkante der Rippe auf. Die Rippe ist auch bedeutend weniger gekrümmt als bei *T. schlegeli*.

Bei einer weiteren Rippe ist das Capitulum abgebrochen. Es läßt sich daher nicht mehr mit Bestimmtheit aussagen, um welche Rippe es sich handelt.

Das Gleiche ist bei einer weiteren Rippe der Fall, die in der Form mit keiner der rezenten Art übereinstimmt. Ihrer Stärke nach zu urteilen — es läßt sich leider nicht mit Sicherheit feststellen, ob ihr hinteres Ende eine natürliche Endigung oder ein glatt abgeschliffener Bruch ist — kann es keine der letzten Thoracalrippen gewesen sein. Auch hat sie an ihrer Vorderseite noch eine ziemlich gut entwickelte Crista, was ebenfalls auf keine der hinteren Thoracalrippen schließen läßt. Dagegen ist das Capitulum ganz kurz, aber robust gebaut und das Tuberculum bildet lediglich nur mehr einen eckigen Vorsprung, wie dies ja bei den Rippen der hinteren Thoracalhälfte auch bei *T. schlegeli* der Fall ist.

Becken. Vom Becken ist das rechte Ischium, ein Stück des linken Iliums und das rechte Pubis erhalten.

Von dem Ilium ist nur der vordere Teil erhalten, die hintere Spitze ist weggebrochen. Der erhaltene Teil differiert etwas von dem Ilium der rezenten Art. Wie bei allen Crocodiliden trägt es auch an seinem vorderen Ende einen gerundeten, mit einer glatten Knochenhaut überzogenen Knopf, der durch eine Einkerbung in eine größere obere und eine kleinere untere Partie geteilt ist. Bei *T. schlegeli* ist die obere Partie dieses Knopfes bedeutend größer als die untere und hat die Form eines senkrecht stehenden Ovals, bei *T. africanum* aber ist die untere Partie nicht sehr viel kleiner und die obere hat die Form eines q u e r gestellten Ovals. Das Acetabulum ist stärker ausgehöhlt wie bei der rezenten Art, sodaß der obere Teil des Iliums die Gelenkpfanne stark überwölbte. Ob der eckige Vorsprung der oberen Ilium-Kante, der sich bei *T. schlegeli* in der Verlängerung der Spitze der ersten Sakralrippe erhebt, auch bei dem fossilen Rest vorhanden war, läßt sich des schlechten Erhaltungszustandes wegen nicht mehr feststellen. Die obere Fläche des Iliums ist bei der rezenten Art ziemlich stark von oben und außen nach innen und unten geneigt und konkav, bei *T. africanum* aber völlig plan und nur wenig schräg nach innen und unten geneigt. Auch die Facette, vermittelst welcher das Ilium mit der des Ischiums artikuliert, ist etwas anders gestaltet wie bei *T. schlegeli*, da ihr vorderes Winkelende breiter ist als bei diesem.

Das Ischium differiert anscheinend nur wenig von dem der rezenten Art. Der an der Bildung des Acetabulum beteiligte und mit seiner vorderen Breitseite der Anheftung des Pubis dienende Fortsatz ist weniger breit wie bei dieser. Der untere die Symphyse bildende Flügel ist an seinen Rändern teils abgerollt, teils sind hier Stücke abgebrochen, sodaß sich über seine Form nichts genaues mehr sagen läßt.

Das Pubis scheint sich von dem der rezenten Art in keiner Weise unterschieden zu haben.

Extremitätenknochen. Ein rechter Femur und eine rechte Tibia, sowie ein Stück eines Tarsalknochens. Sowohl der Femur als auch die Tibia sind durch Gesteinsdruck stark deformiert, sodaß sich nichts genaues mehr über sie aussagen läßt. Indes scheint es, als ob sie nicht bemerkenswert von der rezenten Art verschieden gewesen seien. Es kann höchstens angenommen werden, daß die Gelenkköpfe weniger kräftig entwickelt waren, doch läßt sich auch hierüber nichts gewisses aussagen.

Länge des Femur . . . . 293 mm
Länge der Tibia . . . . 215 „

Das vorliegende Skelett von *T. africanum* gehört einem Individuum an, dessen Schädel von der Schnauzenspitze bis zum Hinterrande des Supraoccipitale 790 mm mißt. Ich gebe zum Vergleich die Längen von Femur und Tibia unseres größten Skeletts von *T. schlegeli* an, dessen Schädel in der gleichen Weise gemessen, 694 mm mißt.

Länge des Femur . . . . 304 mm
Länge der Tibia . . . . 212 „

Der Femur von *T. africanum* ist also absolut und die Tibia wenigstens verhältnismäßig kleiner als dies bei dem erwähnten Skelett von *T. schlegeli* der Fall ist. Es waren daher die Hinterfüße der fossilen Art merklich kleiner als die der rezenten.

Schilder. Es liegen einige Schilder des Rückenpanzers, sowie auch eine kleine Anzahl der isolierten, an den Seiten gelegenen Schilder vor. Die Schilder des Rückenpanzers haben vorn eine nicht sehr breite, aber gut ausgeprägte und scharf begrenzte Gelenkfläche für die Artikulation mit dem vorhergehenden Schild. Alle Schilder zeigen eine Skulptur von tiefen runden oder ovalen Gruben und — wie ANDREWS bereits hervorhebt — keine Spur von Kiel.

Schnauzenfragment, hiezu Wirbel usw.

Paläontol. Sammlung, München, 1902, XI. 46.   Qasr es Sagha-Stufe, NNO von Qasr es Sagha.
Prof. STROMER v. REICHENBACH leg. 16, II, 1902.

Vorderteil der Schnauze. Von der Schnauzenspitze ist Ober- und Unterkiefer erhalten, doch sind beide flachgedrückt und ziemlich stark angewittert; der Oberkiefer ist außerdem durch Druck von rechts etwas deformiert. Das Exemplar dürfte annähernd dieselben Dimensionen gehabt haben, wie das vorher beschriebene. Die Praemaxillarregion ist in der Gegend des dritten Zahnes nicht so stark verbreitert und die Ausbuchtung zwischen dem ersten und zweiten Zahn der Praemaxillen nicht so tief wie bei dem vorher beschriebenen Schädel; in allen übrigen Punkten stimmt sie mit ihm überein. Die Nasalapertur ist birnförmig (Spitze nach hinten). Die Zähne fehlen. Sie scheinen aber — den Alveolen nach zu urteilen — etwas schlanker gewesen zu sein als bei dem vorhergehenden Exemplar. Nähte lassen sich nicht mehr erkennen. Der Unterkiefer ist vor dem vierten Mandibularzahn eingeschnürt und vor dieser Einschnürung verbreitert. Die größte Breite erreicht er in der Gegend des zweiten Mandibularzahnes. Der Oberkiefer ist hinter dem dritten Maxillarzahn glatt abgebrochen. Die Bruchstelle des Unterkiefers ist unregelmäßig.

M a ß e.

Länge vom dritten Maxillarzahn bis zur Schnauzenspitze	235 mm
Vom ersten Maxillarzahn bis zur Schnauzenspitze . . .	165 „
Schnauzenbreite in der Gegend des ersten Maxillarzahns	88 „
Schnauzenbreite kurz vor dem ersten Maxillarzahn . .	68 „
Schnauzenbreite beim dritten Praemaxillarzahn	100 „
Vom vierten Mandibularzahn bis zur Spitze der Mandibel	130 .
Manbibularbreite am vierten Zahn	86 „
Mandibularbreite kurz vor dem vierten Zahn	60 „
Mandibularbreite beim zweiten Zahn	91 „

? **Fünfter Halswirbel.** Der vorhandene Halswirbel ähnelt in der Form am meisten dem fünften Halswirbel der rezenten Art, unterscheidet sich von ihm indes in folgenden Punkten: Die Artikulationsflächen der Zygapophysen sind etwas kleiner und mehr rundlich, während sie bei *T. schlegeli* größer und länglicher sind. Bei den Artikulationsflächen der Diapophysen dagegen verhält es sich umgekehrt. Hier sind sie bei der rezenten Art mehr rundlich eiförmig, während sie bei *T. africanum* viel mehr langgestreckt erscheinen. Die Hypapophyse der vorderen Hälfte des Wirbelkörpers ist nur in Form einer etwas erhöhten Leiste angedeutet.

M a ß e.

Gesamtlänge des Wirbelkörpers	83 mm
Gesamthöhe des Wirbels (inkl. Spina)	141 „
Von der Unterseite des Wirbelkörpers bis zur Oberseite des Neuralbogens (ohne Spina)	78 „
Zwischenraum zwischen den beiden Diapophysen . . .	32 „
Höhe der Gelenkpfanne	52 „
Breite derselben	44 „
Höhe des Neuralkanals	18 „
Breite desselben	12 „
Vom Neuralkanal bis zur Spitze der Spina	63 „

? **Vierter Brustwirbel.** Die Spina neuralis ist hinten und vorn etwas verletzt. Die Zygapophysen und die Enden der oberen Diapophysen sind abgebrochen. Es läßt sich an diesem Wirbel nur mehr feststellen, daß er in folgenden Punkten von dem gleichen der rezenten Art abweicht. Die Spina neuralis ist an der Spitze nicht verbreitert, sondern verschmälert. Die Hypapophyse ist kleiner und nimmt nur die vordere Hälfte der Unterseite des Wirbelkörpers ein, während sie bei *T. schlegeli* mit der Basis nahezu der ganzen Unterseite desselben aufsitzt. Ferner hat sie die Form eines seitlich flachgedrückten, mit der Spitze etwas nach vorn gerichteten Kegels, bei der rezenten Art dagegen erscheint sie als ein hoher, seitlich flachgedrückter und an seinem Ende gerade abgestutzter oder schwach zugerundeter Zapfen.

Maße.

Gesamthöhe des Wirbels (inkl. Hypapophyse und Spina)	185 mm
Vom Neuralkanal bis zur Spitze der Spina neuralis . .	88 „
Höhe der Gelenkpfanne	51 „
Breite derselben	60 „
Totallänge des Wirbelkörpers	76 „
Breite des Wirbelkörpers	43 „

Zwei mittlere Brustwirbel. Die Zygapophysen sind weggebrochen oder stark verwittert, ebenso fehlt der größte Teil der Diapophysen. Bei einem der Wirbel fehlt die Neurapophyse, bei dem andern ist sie hinten stark beschädigt. Bei beiden Wirbeln ist es unmöglich, genau anzugeben, der wievielste Brustwirbel vorliegt. Es läßt sich daher nur allgemeines von ihnen sagen und zwar nur in bezug auf den Wirbelkörper. Dieser ist im Verhältnis zu seiner Länge höher wie bei der rezenten Art, seitlich mehr flachgedrückt und besitzt eine größere Gelenkpfanne, die die Form eines senkrecht stehenden Ovals hat, während sie bei *T. schlegeli* annähernd kreisrund ist.

Maße.

	Nr. 1	Nr. 2
Größte Höhe des Wirbels (inkl. der Neuralspina)	168 mm	—
Vom Neuralkanal zur Spitze der Spina . . .	75 „	—
Größte Länge des Wirbelkörpers	79 „	83 mm
Geringste Breite desselben	33 „	34 „
Höhendurchmesser der Gelenkpfanne	58 „	59 „
Höhendurchmesser des Neuralkanals	18 „	17 „
Breitendurchmesser desselben	13 „	14 „

Erster Schwanzwirbel. Auch dieser Wirbel ist leider unvollständig erhalten, da die Diapophysen und drei der Zygapophysen weggebrochen sind. Der Wirbel unterscheidet sich ebenfalls etwas von dem gleichen der rezenten Art. Vor allem ist die Neuralspina noch nach vorn geneigt und an ihrem Ende nicht verschmälert, während sie bei *T. schlegeli* nach hinten gerichtet und an ihrer Spitze etwas verschmälert ist. Dann erscheint der Wirbelkörper im Verhältnis zu seiner Breite langgestreckter. Es lassen sich allerdings gerade bei diesem Wirbel auch bei der rezenten Art nicht unerhebliche Schwankungen in der Länge des Wirbelkörpers beobachten, aber selbst, wenn man dies in Betracht zieht, ist er bei der fossilen langgestreckter. Die erhaltene linke Praezygapophyse entspricht in der Form fast völlig der von *T. schlegeli*, ist also nicht wie bei den übrigen Wirbeln verhältnismäßig breiter. Der vordere Gelenkkopf ist wie bei der rezenten Art schwach, der hintere sehr stark ausgebildet.

6*

Maße.

Totalhöhe des Wirbels	138	mm
Länge des Wirbelkörpers	84	„
Breite desselben	47	„
Vom Neuralkanal bis zum Ende der Spina neuralis	79	„
Höhe der Vorderfläche des Wirbels (Condylus inkl. Rand)	46	„
Breite derselben	49	„
Entfernung der Randfacetten beider Condyli von einander	54	„
Höhe der hinteren Öffnung des Neuralkanals	19	„
Breite derselben	14	„

Zwei Schwanzwirbel (offenbar aufeinanderfolgend) Die beiden Schwanzwirbel scheinen in die Region zwischen dem zehnten und vierzehnten Schwanzwirbel zu gehören. Die Diapophysen und zum Teil auch die Zygapophysen sind weggebrochen, die Spina neuralis ist bei dem hinteren ebenfalls oben abgebrochen. Im Verhältnis zu seiner Länge erscheint der Wirbel (Körper und Neuralbogen) etwas höher als ein entsprechender von *T. schlegeli*, doch ist der Unterschied nicht groß. Der Gelenkcondylus, der bei der rezenten Art ziemlich flach ist, ist bei ihm stark gewölbt. Die größte Differenz besteht aber in der Form und Richtung der Spina neuralis. Bei *T. schlegeli* ist sie nach hinten geneigt und trägt an ihrer Rückseite einen im oberen Drittel schmalen, dann aber rapid breiter werdenden, seitlich stark komprimierten Knochenkamm, dessen messerscharfe Kante sich kurz über den Postzygapophysen gabelt und über jeder derselben eine scharfe schmale Crista bildet. Die Spitze der Spina ist abgestutzt aber nicht breit. Bei *T. schlegeli* hat also die Neuralspina von der Seite gesehen die Form eines oben etwas abgestutzten spitzwinkligen Dreiecks, dessen hintere Kante oben leicht konkav ist und unten kontinuierlich bis zu den Spitzen der Postzygapophysen verläuft. Bei *T. africanum* ist die Form der Spina eine ganz andere. Sie steht vor allem senkrecht zur Längsachse des Wirbels. Die hintere Knochencrista fehlt ihr völlig, ihre Basis ist nur minimal, das obere Ende dagegen deutlich verbreitert und gerade abgestutzt. Die Postzygapophyse ist gegen die Hinterkante der Spina scharf winklig abgesetzt. Die Neurapophyse von *T. africanum* hat mithin von der Seite gesehen die Form eines langgestreckten Rechtecks. Der Längskanal auf der Unterseite des Wirbelkörpers bei den beiden Wirbeln ebenso tief und scharfkantig, wie bei den gleichen Wirbeln der rezenten Art.

Maße.

	Nr. 1	Nr. 2	
Höhe des Wirbels	—	120	mm
Höhe der Neuralspina (vom Neuralkanal ab)	—	65	„
Breite der Spina in der Mitte	21 mm	24	„
Entfernung der Zygapophysenspitzen von einander	—	80	„
Totallänge des Wirbelkörpers	87 „	84	„
Länge des Wirbelkörpers ohne den Condylus	70 „	70	„
Geringste Breite des Wirbels	13 „	15	„
Höhe der Gelenkpfanne	33 „	35	„
Breite derselben	30 „	33	„

Zwei Halsrippen. Diese stimmen völlig mit den bereits besprochenen überein.

Rechtes Pubis. Völlig identisch mit dem bereits beschriebenen.

Einige Schilder. Sehr schlecht erhalten, aber ebenfalls ohne Kiel und mit grubiger Skulptur.

Skeletteile.
Paläontol. Staatssammlung, München. Qasr es Sagha-Stufe.
Prof. STROMER v. REICHENBACH leg.

? Sechster Halswirbel. Bei diesem Wirbel fällt es auf, daß die Querfortsätze einander stark genähert sind. Auf der rechten Seite ist der obere Querfortsatz zwar weggebrochen, aber die schmale Hohlkehle zwischen dem unteren Querfortsatz und der Bruchfläche des oberen zeigt auch hier, daß der Abstand ein geringer war. Die Spina neuralis, deren Spitze fehlt, war vermutlich etwas weniger schlank als dies bei *T. schlegeli* in der Regel der Fall ist. Die Praezygapophysen ähneln sehr denen der rezenten Art, nur erscheinen die Gelenkflächen etwas breiter; mehr breitoval. Der Neuralbogen ist im Vergleich zum Wirbelkörper schwach, sein „Hals" schlank. Der obere Processus transversus ist stark nach unten gerichtet, der untere jedoch nur schwach nach unten geneigt. Da jedoch bei *T. schlegeli* die Querfortsätze der gleichen Wirbel bei verschiedenen Exemplaren in Form und Stellung nicht unerheblich variieren, besagt dies wenig. Die Artikulationsflächen der beiden Querfortsätze sind sehr schmal und langgestreckt. Dies erscheint ein Charakteristikum von *T. africanum* zu sein. Der Wirbelkörper ist groß und ziemlich langgestreckt, seine vordere Gelenkpfanne tief ausgehöhlt und der Gelenkcondylus stark nach hinten vorgewölbt. Die Hypapophyse sitzt ganz nahe am Vorderrand der Unterseite und hat die Form eines seitlich zusammengedrückten, beilartigen, leicht schräg nach vorn gerichteten Fortsatzes. Hinter ihr verläuft über die Mitte der Unterseite des Wirbelkörpers ein Längswulst, der beiderseits durch eine Hohlkehle vom unteren Querfortsatz getrennt ist.

Maße.

Gesamtlänge des Wirbelkörpers	88	mm
Gesamthöhe des Wirbels	155	„
Geringste Breite des „Halses" des Neuralbogens	40	„
Länge der Gelenkfacette der Praezygapophyse	35	„
Breite der Gelenkfacette der Praezygapophyse	27	„
Länge der Gelenkfläche der Postzygapophyse	40	„
Breite der Gelenkfläche der Postzygapophyse	28	„
Länge des Wirbelkörpers ohne Condylus	69	„
Vordere Breite des Wirbelkörpers	54	„
Hintere Breite des Wirbelkörpers	48	„
Vordere Höhe des Wirbelkörpers	52	„
Hintere Höhe des Wirbelkörpers	52	„
Länge der Hypapophyse	32	„
Höhe der Hypapophyse	15	„

Vierte oder fünfte rechte Halsrippe. Das vordere und hintere Ende der eigentlichen Rippe ist abgebrochen. Capitulum und Tuberculum sind sehr breit und stark komprimiert; die Artikulationsfacetten sind bei beiden bedeutend länger als breit und zwar ist die Facette des Tuberculums nahezu doppelt so lang als breit und die des Capitulums $1^1/_3$ mal so lang als breit. Der Längsdurchmesser der Tubercularfacette ist länger als der der Facette des Capitulums, der Querdurchmesser ist bei beiden gleich. Bei *T. schlegeli* ist die Facette des Capitulums bedeutend größer als die des Tuberculums und stets breitoval.

Maße.

Höhe des Tuberculums	33 mm
Breite desselben an der schmalsten Stelle	27 „
Längsdurchmesser der Artikulationsfacette des Tuberculums	31 „
Querdurchmesser derselben	17 „
Höhe des Capitulums	25 „
Breite desselben	25 „
Längsdurchmesser der Artikulationsfacette des Capitulums	30 „
Querdurchmesser derselben	17 „

? **Rechte Rippe des sechsten Halswirbels.** Der ganze hintere Teil der eigentlichen Rippe ist weggebrochen. Da die Artikulationsfacetten sich anders verhalten, als bei *T. schlegeli*, läßt sich aus der vorderen Spitze des Rippenkörpers nicht mit Sicherheit bestimmen, um welche Rippe es sich handelt. Die Rippenspitze ist ziemlich lang; ihre obere Profillinie fällt nicht so rasch nach vorn und unten ab, wie bei der rezenten Art. Auch bei dieser Rippe sind Capitulum und Tuberculum ungewöhnlich stark komprimiert und breit und die Gelenkfacetten stark längsoval. Auch ist die Capitularfacette eher kleiner als größer wie die Tubercularfacette, während bei der rezenten Art das Umgekehrte der Fall ist.

Maße.

Höhe des Tubercullum	32 mm
Breite desselben	34 „
Längsdurchmesser seiner Articularfacette	37 „
Querdurchmesser derselben	15 „
Höhe des Capitulums	24 „
Breite desselben	25 „
Längsdurchmesser der Artikulationsfacette desselben . .	31 „
Querdurchmesser derselben	16 „

? **Zweite rechte Dorsalrippe.** Das Capitulum ist weggebrochen. Das Rudiment des vorderen Rippenkörperendes ist teilweise weggebrochen, doch sieht man noch, daß die Crista, die dieses Rudiment bildet, stark winklig vorsprang und außerdem unweit des Winkels, den Capitulum und Tuberculum miteinander bilden, ansetzte. Infolge des schlechten Erhaltungszustandes gerade der wichtigsten Teile läßt sich nicht viel über die Rippe sagen. Sie gehörte sicher einem sehr großen Exemplar an, denn sie ist bedeutend größer als die entsprechende Rippe unseres großen (etwa vier Meter langen) *Tomistoma schlegeli*-Skeletts. Das Rippenende ist gerade abgestutzt.

Vierte rechte Dorsalrippe. Da sowohl Capitulum als auch Tuberculum einschließlich des Rippenhalses abgebrochen sind, bleibt für die Beurteilung der Rippe nur der Rippenkörper übrig. Dieser ist an seinem proximalen Ende vorn deutlich verbreitert und verschmälert sich allmählich nach unten. Die Verbreiterung beginnt jedoch nicht mit einem eckigen Vorsprung, sondern allmählich. Aus diesem Grunde bezeichne ich auch diese Rippe als die vierte Dorsalrippe. Die Rippe gehörte ebenfalls einem sehr großen Exemplar an.

? Dritte linke Halsrippe. Tuberculum völlig weggebrochen. Das Hinterende und die äußersten Randpartien des hinteren Teiles des Wirbelkörpers sind ganz oder teilweise zerstört. Da der vor dem Capitulum gelegene Teil der Rippe sehr kurz ist, schließe ich auf die dritte Cervicalrippe, wenn schon diese bei *T. schlegeli* in der Regel nicht in eine solch schlanke Spitze endet, wie bei dem fossilen Rest. Der hintere Teil der Rippe scheint stark verbreitert gewesen zu sein mit deutlich aufwärts gebogenen Seitenrändern. Auch hierin weicht er von der rezenten Form etwas ab. Auffällig ist auch bei dieser Rippe die verhältnismäßig geringe Breite der Artikulationsfläche des Capitulum, die also anscheinend für *T. africanum* charakteristisch ist.

Maße.

Länge des Capitulums	24	mm
Breite desselben	21	„
Länge der Artikulationsfläche des Capitulums	25	„
Breite derselben	16	„

Vierte linke Dorsalrippe. Genau in der Größe der rechten fragmentarischen Rippe entsprechend. Das Capitulum ist bis auf ein kurzes Basalstück weggebrochen, das Tuberculum durch Druck etwas deformiert (von hinten nach vorn gedrückt). Die Verbreiterung des vorderen Randes erfolgt allmählich (ohne scharfe Ecke) und nimmt ebenso allmählich ab. Das Rippenende ist verdickt gerade abgestutzt, die Endfläche — von unten gesehen — dreieckig. Die Artikulationsfacette des Tuberculums ist länger als breit.

Maße.

Von der Spitze des Tuberculums bis zur Rippenspitze (über die Krümmung gemessen)	237	mm
Länge des Tuberculums	15	„
Länge seiner Artikulationsfacette	25	„
Breite derselben	17	„
Größte Breite der Rippe	38	„

Zweite linke Dorsalrippe. Crista stark verletzt, der größte Teil der Rippe selbst fehlend. Capitulum und Tuberculum etwas dicker (im Verhältnis zur Länge) wie bei der rezenten Art, die Tubercularfacette ist länglich, die Capitularfacette dagegen rund.

Maße.

Länge des Capitulums	56	mm
Breite desselben	22	„
Länge seiner Artikulationsfacette	25	„
Breite derselben	25	„
Länge des Tuberculums	19	„
Länge seiner Artikulationsfacette	26	„
Breite derselben	19	„

Erste rechte Dorsalrippe. Tuberculum und Crista sind zum größten Teil, die hintere Rippenhälfte ist gänzlich weggebrochen. Im Gegensatz zu *T. schlegeli* ist die Gelenkfacette des Capitulum anscheinend die größere. Sie ist verhältnismäßig viel größer wie bei der rezenten Art und nahezu kreisrund, die des Tuberculum war — soweit es sich bei dem schlechten Erhaltungszustand derselben beurteilen läßt — längsoval.

Sechste linke Dorsalrippe. Kein wesentlicher Unterschied von der rezenten Art.

Siebente rechte Dorsalrippe. Ebenfalls kein wesentlicher Unterschied; höchstens daß das distale Ende etwas weniger verbreitert ist.

Distaler Teil des rechten Coracoids. Sehr ähnlich dem der rezenten Art, nur erscheint das Gefäßloch etwas mehr nach hinten gerückt.

Maßtabelle

der drei Schädel von *Tomistoma africanum Andrews.*

(Zum Vergleich sind die Maße dreier annähernd großer Schädel von *Tomistoma schlegeli* beigefügt.)

	T. africanum	T. schlegeli	T. africanum	T. schlegeli	T. africanum	T. schlegeli
	Museum München	Museum München	Museum Stuttgart	Museum München	Museum Senckenberg	Museum München 370/1907
	mm	mm	mm	mm	mm	mm
Vom Condylus occipitalis bis zur Schnauzenspitze	860	790	885	830	960	825
Vom Hinterrand des Supraoccipitale bis zur Schnauzenspitze	790	770	823	805	920	815
Von der Außenecke des Condylus maxillaris bis zur Schnauzenspitze	890	860	925	905	1030	905
Länge des Schädeldachs	140	120	131	130	130	130
Vordere Breite des Schädeldachs	180	140	195	135	160	135
Hintere Breite des Schädeldachs	235	200	225	195	240	195
Längsdurchmesser der Supratemporalgruben	61	59	65	52	—	52
Breitendurchmesser der Supratemporalgruben	80	49	84	49	82	48
Breite der schmalsten Stelle des Parietale	12	15	14	15	58	15
Abstand der vorderen Außenecke des Postfrontale vom Vorderrand der Orbita	55	94	71	95	51	100
Längsdurchmesser der Orbita	50	94	45	100	53	100
Querdurchmesser der Orbita	78	69	85	70	72	70
Geringste Breite des Interorbitalspatiums	53	35	50	47	52	47
Abstand der Vorderecken der Orbitae voneinander	95	83	79	87	68	95
Höhe des Postorbitalpfeilers	—	50	40	50	—	52
Längsdurchmesser des Foramen postorbitale	—	66	74	68	68	68
Höhendurchmesser des Foramen postorbitale	—	49	30	49	—	49
Abstand einer Hinterecke des Schädeldachs von der Außenecke des betreffenden Occipitale laterale	81	85	80	100	95	98
Abstand einer Hinterecke des Schädeldachs von der Außenecke des Condylus maxillaris	120	150	130	170	133	170
Breite des Condylus maxillaris	68	73	67	80	70	80
Höhe des Hinterhaupts (von dem Oberrand des Squamosums bis zum Unterrand des Exoccipitale)	59	82	60	92	83	90
Länge des Condylus occipitalis	45	41	41	40	42	40
Höhe des Condylus occipitalis	36	34	33	36	?	36

	T. afri-canum Museum München	*T. schle-geli* Museum München	*T. afri-canum* Museum Stuttgart	*T. schle-geli* Museum München	*T. afri-canum* Museum Senckenberg	*T. schle-geli* Museum München 370/1907
	mm	mm	mm	mm	mm	mm
Breite des Condylus occipitalis	42	46	43	43	?	43
Größte Breite des Basioccipitale unterhalb des Condylus	—	74	76	83	?	80
Geringste Höhe des Jugale	26	38	17	38	30	39
Abstand der Außenecken der Condyli maxillarus von-einander	340	352	380	380	etwa 340	380
Größte Schädelbreite in der Region der Postorbitalpfeiler	280	263	276	290	etwa 250	290
Schädelbreite in der Region der Vorderecken der Orbitae	220	203	220	230	230	230
Entfernung von der Vorderecke einer Orbita bis zur Schnauzenspitze	617	580	638	590	740	590
Schnauzenbreite in der Gegend des zehnten Zahns der Maxillae	110	146	112	171	100	170
Breite der Schnauze in der Gegend des fünften Zahns der Maxillae	92	111	97	135	79	135
Breite der Schnauze in der Gegend des ersten Zahnes der Maxillae	79	79	85	92	75	92
Abstand des ersten Zahnes der Maxillae von der Schnauzenspitze	175	148	158	154	180	160
Breite der Praemaxillen kurz vor dem ersten Maxillarzahn	60	79	66	78	51	82
Breite der Praemaxillen in der Gegend des dritten Prae-maxillarzahns	106	90	91	100	96	100
Längsdurchmesser der Nasalapertur	50	45	44	62	45	62
Breitendurchmesser der Nasalapertur	46	39	44	46	46	46
Längsdurchmesser der Choanen	––	32	23	33	25	33
Breitendurchmesser der Choanen	—	29	32	36	—	36
Längsdurchmesser der Palatingruben	—	139	150	160	166	160
Breitendurchmesser der Palatingruben	––	58	50	60	60	60
Breite der Palatina (an der schmalsten Stelle)	—	37	42	49	40	49
Länge der Unterkiefersymphyse	460	410	—	430	555	430
Länge eines Unterkieferastes	550	536	—	586	580	580
Entfernung der Unterkiefergelenkpfanne vom Hinterende des Artikulare (über die Krümmung gemessen)	114	116	116	120	135	138
Größte Breite der Unterkiefergelenkpfanne	68	72	90	78	76	80
Länge des Foramen mandibulare externum	70	94	—	100	94	100
Höhe des Foramen mandibulare externum	27	85	—	40	24	40
Entfernung vom Hinterrand des Foramen mandibulare bis zum Hinterende des Artikulare	240	245	235	259	250	256
Größte Höhe des Unterkieferastes	99	128	84	133	92	133
Gesamtlänge des Artikulare (innen gemessen)	183	220	212	228	170	232
Breite der Symphyse am zweiten Zahn	?		—		82	83
Breite der Symphyse zwischen dem zweiten u. dritten Zahn	?		—		47	78
Breite der Symphyse am dritten Zahn	?		—		59	76
Breite der Symphyse zwischen dem dritten und vierten Zahn	—		—		49	75
Breite der Symphyse am vierten Zahn	—		—		70	86
Breite der Symphyse am achten Zahn	—		—		88	99
Breite der Symphyse bei ihrem Beginn	—		—		108	176

50

C. Gebel el Qatrani-Stufe.

(Fluviomarines Unteroligocän, Lattorfien), auf Hauptterasse des Nordrandes des Fajûm-Kessels.

Reste in den Museen von München, Tübingen und Stuttgart.

Tomistoma gavialoides Andrews.

Fragment eines Schädels.

Paläontol. Samml., München 1905 VIII. d. 3.   Norden des Fajûm.   MARKGRAF leg. 1905.

Erhaltungszustand. An dem Schädel fehlt der größte Teil der Praemaxillen, die äußere Umrandung der Orbita nahezu und die hintere gänzlich; ferner ist der hinterste Teil der Maxillen weggebrochen. Vom Cranialteil sind nur Frontale, Postfrontalia, Parietale und der Teil der Squamosa erhalten, der an der Bildung der eigentlichen Schädelplatte teilnimmt. Die ganzen Seitenteile des Schädels, das Hinterhaupt, sowie der harte Gaumen — mit Ausnahme des zur eigentlichen Schnauze gehörigen Teiles — fehlen. Der Schädel, besonders sein Schnauzenteil, ist offenbar durch Gesteinsdruck etwas abgeplattet.

Genaue Beschreibung. Die großen Supratemporalgruben und die mehr quer- als längsgestellten Orbitae erinnern sehr an *Tomistoma (Gavialosuchus) eggenburgensis Toula* und *Kail*. Mit Gavialis ist wohl ebenfalls eine gewisse Ähnlichkeit vorhanden, doch scheint sie mir mehr eine oberflächliche zu sein. Leider ist gerade ein großer Teil der für die Gattung Gavialis besonders charakteristischen Schädelpartien bei dem vorliegenden Rest zerstört.

Cranialsegment. Das Cranialsegment ist verhältnismäßig viel größer als das von *T. schlegeli* und bildet einen schmalen, die sehr großen Temporalgruben umgebenden Reif. Es ist oben durchaus eben — im Gegensatz zu *T. schlegeli*, wo es in der Mitte stark und zu Gavialis, wo es schwach eingesenkt ist. Das Parietale springt nach hinten dreieckig vor; jederseits davon ist der vom Squamosum gebildete Teil des Hinterrandes des Cranialsegmentes eingebuchtet. Dies, sowie die Tatsache, daß bei *T. gavialoides* das Cranialsegment nach hinten zu anscheinend nur wenig verbreitert ist, sind ebenfalls Ähnlichkeiten mit Gavialis. Das Münchener Schädelfragment unterscheidet sich nun von dem ANDREWS'schen Typus von *T. gavialoides* dadurch, daß der obere Teil des Supraoccipitale nicht an der Bildung der Oberfläche des Schädeldaches teilnimmt, indem er sich in die Winkelspitze des Parietale einkeilt; die Spitze des Parietale ist hier deutlich ausgeprägt und völlig intakt, das Supraoccipitale aber teils zerstört, teils abgerollt. Bei *T. schlegeli* springt das Parietale hinten nicht winklig vor, sondern ist im Gegenteil in der Mitte eingebuchtet. Die Nähte sind an dem Schädeldach nicht mehr zu erkennen, eine Beschreibung der einzelnen Knochen ist daher unmöglich. Der die Supratemporalgruben hinten begrenzende Teil des Schädeldaches bildet eine schlanke Spange; auch hierin ähnelt *T. gavialoides* dem Ganges-Gavial, während bei *T. schlegeli* gerade der hintere Teil des die Supratemporalgruben umgebenden Knochenreifes verhältnismäßig breit ist. Dagegen ist der die Schläfengruben außen begrenzende Teil dieses Reifes breiter als bei Gavialis und hat außen eine deutliche Kante, während bei letzterer Art der Außenrand — besonders in der Mitte —

verrundet ist und ohne scharfe Kante in die Seitenpartien übergeht. Auch bei *T. schlegeli* ist die obere Außenkante nicht so scharf ausgeprägt, wie bei unserem Rest, wenn auch schärfer als bei Gavialis. Die Außenecke des Postfrontale ist verrundet rechtwinklig, während sie bei Gavialis kaum verrundet, manchmal sogar spitzwinklig und stets mehr oder weniger nach abwärts gebogen erscheint. Der zwischen den Supratemporalgruben gelegene Teil des Parietale ist etwas schmäler als bei Gavialis und etwas breiter als bei *T. schlegeli*; von beiden unterscheidet er sich dadurch, daß seine Ränder wulstartig etwas über die innere Wand der Schläfengruben vorspringen, anstatt, wie bei den beiden rezenten Arten, nur eine mehr oder weniger scharfe Kante zu bilden. Die innere Wand der Schläfengruben fällt indes trotzdem weniger steil nach unten ab, wie bei Gavialis; sie bildet nur unter dem Rand des Parietale eine Art Hohlkehle, stellt sich dann aber schräg, wie dies etwa bei *T. schlegeli* der Fall ist. Die Schläfengruben sind sehr groß, etwa so breit, wie lang; sie scheinen vorn und außen einen schwachen Winkel gebildet zu haben, sonst dürften ihre Konturen aber eine schon stark der Kreisform sich nähernde Ellipse gebildet haben. Ganz einwandfrei läßt sich die Form bei dem vorliegenden Rest jedoch nicht mehr feststellen, da die Ränder stark beschädigt sind.

Orbitalsegment. Der von dem Frontale gebildete Stirnteil ist sehr breit und zwar gilt dies sowohl für den hinter als auch für den zwischen den Augen gelegenen Teil. Er ist aber nicht ausgehöhlt, wie bei Gavialis, sondern völlig eben; vor allem findet kein Ansteigen von der Mitte nach den Augenrändern zu statt, was einen wesentlichen Unterschied zwischen dem fossilen Rest und Gavialis bedeutet. Bei der unvollkommenen Erhaltung der Orbitalränder läßt sich die Form der Orbitae nur mehr annähernd feststellen. Wie bei Gavialis sind sie mehr in die Quere als in die Länge gezogen, annähernd kreisförmig im Umriß und mehr nach oben gerichtet, als dies bei *T. schlegeli* der Fall ist. Dagegen sind ihre Ränder normal wie bei *T. schlegeli* und nicht nach oben aufgewölbt und durch Knochencristen geschützt wie bei Gavialis. Auch fehlt die Knochencrista des Lacrymale und — soweit ich dies feststellen kann — auch die des Jugale, die beide für Gavialis so charakteristisch sind. Die Orbitae scheinen eher kleiner gewesen zu sein als die Supratemporalgruben; ihr vom Postfrontale gebildeter oberer Hinterrand verläuft fast senkrecht zur Längsachse des Schädels, ihr vom Frontale und Praefrontale gebildeter Innenrand nähert sich schon stark der Form eines Kreissegmentes.

Schnauzenteil. Die Schnauze verschmälert sich ganz allmählich — anfänglich etwas rascher, dann aber ganz unmerklich bis zu dem Bruchende. Die Verschmälerung der vorderen Schnauzenpartie ist eine wesentlich geringere als bei *T. schlegeli*. Nach Aufhören der stärkeren Verschmälerung hat die Schnauze etwa die halbe Breite wie der Vorderrand des Cranialsegments. Da der Schnauzenteil offenbar durch Druck deformiert ist, haben Angaben über seine Höhe wenig Wert. Die meisten Knochennähte lassen sich auf der Schnauzenpartie entweder gar nicht oder nur ungenügend feststellen. Es scheint, daß die Lacrymalia sehr schlank waren und auffallend weit nach vorn reichten und die ebenfalls sehr schlanken hinteren Fortsätze der Praemaxillen sich weit nach hinten erstreckten, im übrigen sich aber in einer ähnlichen Weise mit den Nasalien vereinigten, wie dies bei *T. schlegeli* der Fall ist. Jedenfalls läßt sich mit Sicherheit erkennen, daß bei *T. gavialoides* Nasalia und Praemaxillaria zusammenstoßen.

Schädelunterseite. Da die Unterseite der Schnauze — wie dies sich aus den

Brüchen einwandfrei feststellen läßt — eingedrückt ist, läßt sich nicht mehr nachweisen, ob sie etwas aufgewölbt war (wie bei Gavialis) oder konkav. Der Alveolarrand scheint indessen nicht wie bei *T. schlegeli* von dem übrigen Gaumen durch eine scharfe Kante getrennt gewesen zu sein. Die Alveolarpartie ist leicht nach außen und nicht lediglich nach unten gerichtet wie bei *T. schlegeli.* Wie bei Gavialis sind auch bei *T. gavialoides* keine Interdentalgruben vorhanden, dagegen unterscheidet es sich von diesem durch die wesentlich größeren Alveolen, die selbst die eines gleichgroßen *T. schlegeli* an Größe übertreffen. Aus dem Querschnitt der leider abgebrochenen Zähne ersieht man, daß dieselben wesentlich kräftiger waren als bei Gavialis. Auch kann man trotz des nicht gerade sehr guten Erhaltungszustandes der Alveolen erkennen, daß ihre Ränder besser ausgeprägt waren als bei ihm. Ob eine Differenzierung der einzelnen Zähne vorhanden war, läßt sich bei dem schlechten Erhaltungszustand der in Betracht kommenden Teile nicht mehr einwandfrei feststellen. Jedenfalls dürfte eine solche nur unerheblich gewesen sein. Von den Zähnen selbst ist nur ein einziger halbwegs erhalten (in der vordersten Alveole der rechten Seite). Leider fehlt ihm die Schmelzschicht. Er ist weniger schlank als ein Gavialiszahn und gleicht mehr dem eines *T. schlegeli.* Seitenkanten fehlen, ebenso eine Skulptur (wohl wegen des Fehlens der Schmelzschicht).

Schädelskulptur. Der Cranialteil ist größtenteils mit rundlichen Vertiefungen und narbenartigen Gebilden bedeckt; nur zwischen den Schläfengruben haben diese Vertiefungen die Gestalt von Längsfurchen. Die Schnauzenskulptur besteht aus Längsfurchen und länglichen Runzeln. Sie ist sehr ähnlich der von *T. schlegeli.*

Maße.

Länge des Schädeldachs	125 mm
Vordere Breite des Schädeldachs	166 „
Hintere Breite des Schädeldachs	180 „
Längsdurchmesser der Supratemporalgrube	65 „
Breitendurchmesser der Supratemporalgrube	61 „
Breite der schmalsten Stelle des Parietale	15 „
Abstand der Postfrontalecke vom Vorderrand der Orbita	52 „
Abstand der Orbitae voneinander	55 „
Durchmesser einer Alveole	13 „

Mandibel-Fragment.

Paläontol. Samml. München 1905. XIII. d. Norden des Fajûm. Markgraf leg 1905.

Erhaltungszustand. Der Symphysenteil ist vollständig erhalten und nur die rechte Spitze ist etwas verwittert; die beiden Rami sind jedoch kurz hinter der Symphyse abgebrochen. Alle Zähne fehlen.

Genaue Beschreibung. Die Symphyse ist oben und unten stark abgeplattet, der Alveolarrand fällt leicht schräg nach außen und unten ab. Es besteht also hier eine gewisse Ähnlichkeit mit Gavialis. Es lassen sich indes auch wesentliche Unterschiede feststellen. So vor allem ist der Spitzenteil der Symphyse vorn löffelartig verbreitert und von der übrigen Symphyse durch eine Art „Hals" abgeschnürt, der vom Hinterrand der Alveole des zweiten Zahnes bis zur Alveole des vierten Zahnes (von vorn gezählt) reicht. Die Alveole des dritten Zahnes liegt innerhalb dieses „Halses". Die Symphyse verschmälert sich bis zu dieser Einschnürung nach vorn zu nur sehr wenig, vor derselben — vom Vorderrand der Alveole des dritten Zahnes ab — erfolgt dann die Verbreiterung. Das Symphysenende ist vorn stärker eingekerbt als bei *T. schlegeli*, jedoch schwächer als bei Gavialis. Im hinteren Teil der Symphyse ist ihre Mittelzone von dem Alveolarrand durch eine stumpfe Kante getrennt. Wie bei dem Oberkiefer sind auch bei dem Unterkiefer die Alveolen wesentlich größer, wie bei Gavialis, ja sogar etwas größer wie bei *T. schlegeli*. Die Alveole des ersten Zahnes ist am größten und die des vierten Zahnes scheint nicht wesentlich kleiner gewesen zu sein. Die Ränder sämtlicher Alveolen sind deutlich über den Symphysenteil aufgewölbt (noch etwas stärker wie bei *T. schlegeli*) und springen seitlich bogig über den Außenrand vor. Besonders stark tritt dieses seitliche Vorspringen bei den ersten vier Alveolen in Erscheinung und hier wiederum am stärksten bei der zweiten. Vom fünften Zahn ab sind die Alveolen des Symphysenteils annähernd gleich groß. Sechzehn Alveolen vom Beginn der Symphyse bis zu ihrer Spitze (15 bei *T. schlegeli* und 21—22 bei Gavialis). Die Spitze der Splenialia reicht bis zur Mitte der Alveole des zehnten Zahnes (bei *T. schlegeli* bis zum neunten, bei Gavialis bis zum 14. Zahn). Die Splenialia sind sehr dick; besonders tritt dies auf dem Symphysenteil hervor, wo sie an Breite auch die von Gavialis nicht unerheblich übertreffen. Auch bei jedem Ramus ist das Spleniale noch sehr dick. Das Gleiche gilt für das Dentale, das stärker und robuster ist als das von *T. schlegeli* und Gavialis. Die Rami erscheinen sehr breit, aber nicht besonders hoch. Die Zahl der Zähne eines Ramus läßt sich nicht mehr feststellen, da beide Rami zu kurz abgebrochen sind. Auf dem linken Ramusbruchstück befinden sich noch fünf Alveolen. Bei Gavialis finden sich meist nur zwei (sehr selten drei), bei *T. schlegeli* fünf (sehr selten sechs) Zähne auf jedem Ramus. *T. gavialoides* hat also mindestens 21 Zähne im Unterkiefer, wovon 16 auf den Symphysenteil entfallen. Interdentalgruben finden sich nur zwei: eine seitlich am Außenrand sitzende, ziemlich flache zwischen dem 14. und 15. Zahn und eine tiefere zwischen dem 15. und 16. Zahn.

Die wegen Abwitterung sehr schwach sichtbare Skulptur besteht aus Längsfurchen.

Der Unterkiefer gehört mit ziemlicher Sicherheit zu dem vorher beschriebenen Oberschädel.

Maße.

Länge der Symphyse	410	mm
Breite der Symphyse beim 16. Zahn	105	„
Breite der Symphyse beim 14. Zahn	72	„
Breite der Symphyse beim neunten Zahn	63	„
Breite der Symphyse beim fünften Zahn	60	„
Symphysenbreite kurz vor dem Vorderrand der vierten Alveole	43	„
Größte Breite der Symphysenspitze	70	„
Vom Vorderrand der Alveole des vierten Zahnes bis zur Spitze der Symphyse	90	„

54

Länge des Spitzenhalses . . . . 30 mm
Länge des verbreiterten Teiles . . . . 60 „
Höhe der Symphyse am neunten Zahn . . . . . . 28 „
Breite des linken Ramus . . . . 39 „
Höhe des linken Ramus . . . . 33 „
Durchmesser der Alveole des ersten Zahnes . . . . . 18 „
Durchmesser der Alveole des achten Zahnes . . . . 12 „

Fragment eines Schädels.

Mus. Tübingen. Fundort? Markgraf leg.

Erhaltungszustand. An dem Schädel fehlen die vorderen zwei Drittel des Rostrums, das rechte Quadratgelenk und der linke Hinterhauptflügel vom Postorbitalpfeiler ab. Auf der Schädelunterseite ist die ganze Palatin- und Pterygoid-Region weggebrochen, ebenso der unter dem Condylusoccipitalis gelegene Teil des Basioccipitale. Der Schädel ist anscheinend nur wenig deformiert. Er ist jedoch noch nicht präpariert und seine Hohlräume sind zum Teil noch mit Sand erfüllt.

Genaue Beschreibung. Das Schädelfragment stimmt gut mit der Originalbeschreibung des *T. gavialoides* überein.

Cranialsegment. Der die Supratemporalgruben umgebende Teil des Schädeldaches ist mit Ausnahme der hinteren Spange breit, was bei der bedeutenden Größe dieser Gruben eine erhebliche Ausdehnung der Cranialfläche zur Folge hat. Die Supratemporalgruben selbst sind nahezu kreisrund und ihr Längsdurchmesser ist annähernd gleich dem Querdurchmesser. Ihre Seitenwände fallen steil nach unten ab; der zwischen ihnen liegende Teil des Parietale ist sehr schmal. Der zwischen den Orbiten und den Supratemporalgruben gelegene Cranialteil ist sehr breit und nahezu flach.

Gesichtsteil. Die Orbitae sind breit elliptisch und stark quergestellt, so daß die Längsdurchmesser derselben zusammen einen stumpfen Winkel bilden. Ihr Querdurchmesser beträgt zwei Drittel des Längsdurchmessers, ihre vorderen Ecken sind ebenso stark verrundet, wie die hinteren. Der Interorbitalraum ist bedeutend breiter als bei *T. schlegeli* und nur ganz schwach konkav. Der vordere Teil des Oberrandes des Jugale ist etwas erhöht, wie dies auch bei *T. eggenburgense* und bei ganz jungen Stücken von *T. schlegeli* der Fall ist, indes greift diese Erhöhung nicht mehr auf das Lacrymale über. In der Gegend des Postorbitalpfeilers verschmälert sich das Jugale stärker, aber diese Verschmälerung erfolgt nicht plötzlich, wie bei Gavialis, sondern allmählich. Auch ist die verschmälerte Partie nicht von oben nach unten zusammengedrückt wie bei dieser Gattung, sondern seitlich komprimiert, wie bei *T. schlegeli*. Immerhin aber ragt der obere Rand des Jugale nur wenig über die Ansatzstelle des Postorbitalpfeilers hervor. (Bei erwachsenen Exemplaren von *T. schlegeli* ist die Erhöhung des Jugalrandes nicht vorn, also nahe am vorderen Augenwinkel, sondern kurz vor dem Orbitalpfeiler am stärksten; bei *T. gavialoides* ist diese Erhöhung also gewissermaßen nach vorn verschoben.) Die Form des Postorbitalpfeilers und die Art, wie seine Basis aus der Innenseite des Jugale hervorwächst, sind bei *T. gavialoides* und *T. schlegeli* verschieden. Bei letzterem ist der Pfeiler schlank, seitlich kaum zusammengedrückt und ohne Querkante im oberen Drittel[1]) (also einheitlich bis zum Schädeldach ansteigend); sein vom Jugale gebildeter Teil entspringt an der Innenseite desselben, ist also von dem oberen Jugalrand durch eine tiefe Hohlkehle getrennt. Im Gegensatz hierzu ist der Postorbitalpfeiler bei *T. gavialoides* seitlich komprimiert, d. h. seine Ausdehnung in der Längsrichtung des Schädels übertrifft die in der Querrichtung bedeutend. Er steigt in seinen unteren zwei Dritteln steil nach aufwärts, bildet dann auf seiner Außenseite einen Knick, sodaß hier eine Kante erzeugt wird und wendet sich dann schräg nach oben und innen. Diese Abschrägung des Postorbitalpfeilers wird von dem Oberrande des Cranialsegments überragt. Auf der Innenseite ist keine Beugungsstelle sichtbar, sondern der Pfeiler verdickt sich kontinuierlich von unten nach oben. Die Kante, die außen die Beugungsstelle kennzeichnet, endet vorne mit einem etwas vorspringenden Eck. Die Basalpartie entspringt zwar auch auf der Innenseite des Jugale, indes ist zwischen dem oberen Jugalrand und der Pfeilerbasis nur eine ganz seichte Hohlkehle.

Herr Prof. Dr. Hennig hatte, nachdem der Schädel in Tübingen präpariert worden war, die Freundlichkeit mir mitzuteilen, daß der Postorbitalpfeiler vorn verrundet ist und hinten eine scharfe Kante trägt. Hinten und unten ist in den Pfeiler eine kräftige Grube eingesenkt.

Tomistoma tenuirostre nov. spec.

Zwei Unterkiefer-Fragmente.

Palaeontolog. Samml. München 1905. d. 4. XIII. Norden des Fajûm (Qatrani-Stufe). Markgraf leg. 1905
Taf. 1, fig. 2.

Aus der Qatrani-Stufe liegen mir zwei Unterkiefer-Symphysen vor, die sich von denen aller bisher beschriebenen tertiären *Tomistoma*-Arten Aegyptens in sicherer Weise unterscheiden lassen. Ich trage daher kein Bedenken, auf Grund derselben eine neue Art aufzustellen.

Nr. 1. Typus der Art.

Erhaltungszustand. Der vordere Teil der Symphyse ist durch Gesteinsdruck leicht bogenförmig nach aufwärts gekrümmt, im übrigen ist die Symphyse aber sehr gut erhalten. Vom rechten Ramus ist nur noch ein kurzes Stück mit drei Zahnalveolen erhalten; vom linken zwar ein etwas längeres, doch ist dasselbe stark zerquetscht.

Genaue Beschreibung. Die Symphyse ist auffallend schlank und flach; sie verschmälert sich nach vorn zu nur langsam und unbedeutend, ihr vorderes Ende ist von der übrigen Symphyse durch zwei Einbuchtungen abgeschnürt und löffelförmig verbreitert. Die Länge des Symphysenteiles beträgt 475 mm (über die Krümmung gemessen), seine Breite beim zwölften Zahn (von vorn gerechnet) 55 mm. Bei dem mir vorliegenden Mandibular-Fragment von *T. gavialoides* beträgt die Länge des Symphysenteiles 410 mm, die Breite desselben beim 12. Zahn 65 mm. Der Symphysenteil der neuen Art trägt 19, der von *T. gavialoides* 16 Zähne. Die Spitze der Splenialia reicht bis zum Hinterrand der Alveolen

---

[1]) Bei dem kleinsten Tomistoma-Schädel der Münchener Zoolog. Staatssammlung (Herpet. 519/1911) von 83 mm Länge (vom Condylus bis zur Schnauzenspitze) läßt sich indes eine gut ausgeprägte, schräge Querkante am Postorbitalpfeiler feststellen.

56

des elften Zahnes, bei *T. gavialoides* bis zur Mitte der Alveole des zehnten Zahnes. Die Abplattung der Symphyse ist noch etwas stärker als bei *T. gavialoides*. Ihre Höhe beträgt beim zwölften Zahn nur 23 mm, bei *T. gavialoides* 29 mm. Das auffallendste Merkmal derselben ist aber ihre starke Einschnürung zwischen dem dritten und vierten Zahn und die starke löffelförmige Verbreiterung des vor dieser Einschnürung gelegenen Spitzenteiles. An der Einschnürungsstelle ist die Symphyse nur 30 mm breit, an der breitesten Stelle ihres löffelförmig verbreiterten Vorderendes (in der Gegend des zweiten Zahnes etwa 60 mm (ganz genaue Maße können nicht angegeben werden, da der äußere Alveolarrand des zweiten Zahnes der linken Seite weggebrochen ist). An der Spitze zeigt die Symphyse eine mediane Einkerbung. Außer der starken Einschnürung zwischen dem dritten und vierten Zahn ist die Symphyse noch ein zweites Mal, jedoch in schwächerem Maße zwischen dem fünften und sechsten Zahn eingeschnürt. Auf dem zwischen dieser und der vorderen Einschnürung gelegenen Teil treten die Alveolen der Zähne noch stärker seitlich hervor, als es sonst der Fall ist. Es gilt dies besonders für die Alveole des sechsten Zahnes, die stark seitlich vorspringt. Am stärksten ausgeprägt ist jedoch das Vorspringen der Alveole des hinter der vordersten Einschnürung gelegenen vierten Zahnes. Dieses seitliche Vorspringen läßt sich übrigens, wenn auch in schwächerem Maße, bei den meisten Alveolen der Symphyse beobachten. Vom 14. Zahn (von vorn gerechnet) ab springen sie alle seitlich vor; die hinteren anfänglich nur schwach, die vorderen aber immer stärker je mehr sie sich der Spitze der Symphyse nähern. Die Alveolen des sechsten und vierten Zahnes sind dann, wie bereits bemerkt, noch besonders stark seitlich hervortretend. Dagegen ist der Rand des löffelförmig verbreiterten Spitzenteiles der Symphyse weniger stark ausgebogt, da die Alveolen der Zähne eins bis drei weniger stark seitlich vorspringen. Die Alveolen sitzen in einer mäßig schräg nach außen und unten geneigten Fläche, die durch keinerlei Kante von der völlig ebenen, zwischen den Zahnreihen gelegenen Symphysen-Oberfläche abgesetzt erscheint. Die Zähne fehlen entweder ganz oder sind schon innerhalb der Alveolen abgebrochen. Sie scheinen — vielleicht mit Ausnahme des vierten — nur wenig nach außen, dagegen aber deutlich nach vorn gerichtet gewesen zu sein. Sie nehmen von hinten nach vorn an Größe zu. Am größten scheinen der erste und der vierte gewesen zu sein. Auch der zweite und der sechste sind sehr groß (nach den Alveolen zu urteilen). Bei *T. gavialoides* sind in erster Linie der erste und vierte, in zweiter Linie der zweite Zahn durch Größe ausgezeichnet, während der sechste sich von den übrigen nicht unterscheidet. Bei *T. schlegeli* beschränkt sich die Differenzierung der Mandibularzähne auf den ersten und vierten. Mit Ausnahme der vergrößerten scheinen die Zähne schlanker gewesen zu sein, wie bei *T. gavialoides*; etwa so schlank wie bei einem mittelgroßen *T. schlegeli*. Auf der rechten Seite befindet sich zwischen dem 18. und 19. Zahn eine tiefere und zwischen dem 19. und 20. eine seichtere Interdentalgrube. Auf dem rechten Ramus befinden sich drei Alveolen. Auf dem linken längeren, aber stark zerquetschten Ramus-Fragment lassen sich leider keine Alveolen mehr feststellen. Die Unterseite der Symphyse ist nur leicht gewölbt und mit seichten Längsrunzeln skulptiert.

Maße.

Länge der Symphyse . . . . 475 mm
Breite derselben beim 19. Zahn . . . . 80 „

Symphysen-Breite beim zwölften Zahn . . . . 55 mm
Symphysen-Breite zwischen den Alveolen des sechsten und siebenten Zahnes . 41 „
Symphysenbreite in der Gegend des sechsten Zahnes . . . . 50 „
Breite der Einschnürungsstelle zwischen dem fünften und sechsten Zahn . . 36 „
Symphysenbreite in der Gegend des fünften Zahnes . . . . 50 „
Symphysenbreite in der Gegend des vierten Zahnes . . . . 52 „
Breite an der Einschnürungsstelle zwischen dem dritten und vierten Zahn . . 31 „
Länge der Symphyse bis zu der ersten Einschnürung (von der Spitze des Winkels,
    den die beiden Rami miteinander bilden, gerechnet) . . . . 345 „
Abstand zwischen den beiden Einschnürungen . . . . 56 „
Länge der löffelartig verbreiterten Symphysenspitze . . . . 74 „
Breite derselben in der Gegend des dritten Zahnes . . . . 48 „
Breite derselben in der Gegend des zweiten Zahnes . . . . 60 „
Breite derselben beim ersten Zahn . . . . 46 „
Höhe der Symphyse in der Gegend des zwölften Zahnes . . . . 23 „

Nr. 2.

Erhaltungszustand. Der Symphysenteil ist nahezu vollständig erhalten, nur der Beginn der Symphyse ist im Verein mit dem linken Ramus, der ganz fehlt, weggebrochen. Vom rechten Ramus ist noch ein kurzes Stück erhalten, doch ist hier die ganze Oberseite weggesplittert. Auch die Alveolarpartien des vordersten Symphysendrittels befinden sich in schlechtem Zustande. Bis auf den zweiten stark abgewitterten Zahn der linken Seite fehlen die Zähne entweder ganz oder sind dicht über der Alveole abgebrochen.

Genaue Beschreibung. Wie bei dem Typus ist auch hier der Symphysenteil ganz auffallend lang. Bei mindestens 550 mm Länge (wegen des fehlenden Symphysenbeginns läßt sich die Länge nicht mit völliger Sicherheit feststellen) beträgt die Breite, da wo der rechte Ramus sich nach auswärts biegt, nur 68 mm. Vom Beginn der Symphyse nach vorn zu findet eine langsame Verschmälerung statt. Infolge des schlechten Erhaltungszustandes des Restes ist die zweite (hintere) Einschnürung schlecht zu sehen. Auch die vordere Einschnürung (zwischen dem dritten und vierten Zahn) erscheint aus dem gleichen Grunde nicht so auffallend, wie bei dem Typus. Das Gleiche gilt von der löffelartigen Verbreiterung des Spitzenteiles. Die Alveolarfläche fällt leicht nach unten und außen ab, der zwischen den beiden Zahnreihen gelegene Teil der Symphysen-Oberfläche ist vollständig eben. Im hinteren Symphysendrittel springen die äußeren Alveolarränder leicht bogig über den Außenrand der Symphyse vor; dieses Hervortreten verstärkt sich nach vorn zu stetig, doch läßt sich über das vorderste Symphysen-Drittel des schlechten Erhaltungszustandes wegen nichts bestimmtes sagen. Nach dem Aussehen der Alveolen zu schließen, waren die Zähne — wie bei dem Typus — nicht stark nach auswärts, wohl aber in der vorderen Symphysenhälfte deutlich nach vorwärts gerichtet. Der teilweise noch erhaltene zweite Zahn der linken Seite ist deutlich nach auswärts und stark nach vorwärts gerichtet. 18. Zähne bis zum Beginn der Abzweigung des rechten Ramus (die Zahnzahl bis zum Beginn der Symphyse läßt sich nicht mehr mit Sicherheit feststellen). Auf dem Ramus selbst lassen sich noch die Reste der Alveolen dreier Zähne erkennen. Da sie noch einigermaßen gut erhalten und noch verhältnismäßig groß sind, läßt sich mit ziemlicher

Sicherheit darauf schließen, daß sie nicht die l e t z t e n waren. Da bei Gavialis sich nur
zwei (sehr selten drei) Zähne auf jedem Ramus vorfinden, glaube ich die neue Art mit
Recht zur Gattung *Tomistoma* stellen zu dürfen. Der erhaltene Teil der Splenialia ist
sehr schlank; ihre äußerste Spitze ist zwar abgebrochen, doch läßt die noch erhaltene
Furche, in der sie lagen, erkennen, daß sie etwa bis zum Hinterrand der Alveole des
13. Zahnes (von vorn gezählt) reichten. Der gesamte Symphysenteil ist sehr flach. Seine
Höhe in der Gegend des 18. Zahnes beträgt 32 mm, in der Gegend des neunten Zahnes
25 mm.

Bruchstück einer Mandibel.

Palaeontolog. Samml. München. Nr. 1905. XIII. d. 6. Norden des Fajûm. Markgraf leg. 1905.

Erhalten ist der hintere Teil der Symphyse und ein kurzes Stück des rechten Ramus.
Die Symphyse ist ungefähr da abgebrochen, wo die Splenialia enden; von letzteren fehlt
nur ein geringfügiges Stückchen der Spitze. Sie reichten zwischen den sechsten und siebenten
Zahn (vom Symphysenwinkel ab gerechnet). Auf dem Ramus befinden sich noch vier
Alveolen. Die Symphyse ist schlank und ebenso wie das noch erhaltene Ramus-Stück
sehr flach. Zwischen den Zahnreihen ist sie absolut eben, die Alveolarfläche fällt nach
außen und unten etwas ab. Von oben gesehen springen die Außenränder der Alveolen
bogig über den Außenrand der Symphyse vor. Die Zähne sind ausgefallen oder abgebrochen, den Alveolen nach zu urteilen waren sie mäßig groß, sowie nur schwach nach
auswärts gerichtet. Interdentalgruben lassen sich nicht feststellen. Die Unterseite der
Symphyse ist flach, die Wölbung nach aufwärts tritt erst an den Seiten ein.

Maße.

Breite der Symphyse bei ihrem Beginn . . . . 60 mm
Breite derselben beim vierten Zahn (vom Symphysenwinkel ab gerechnet) . . . 43 „
Ungefähre Länge der Splenialia . . . . 95 „
Höhe der Symphyse bei ihrem Beginn . . . . 22 „
Breite des Ramus beim dritten Zahn (vom Symphysenwinkel ab gerechnet) . 24 „
Höhe des Ramus beim dritten Zahn . . . . 21 „

Ich stelle diesen Rest nur mit Vorbehalt zu *T. tenuirostre* und zwar hauptsächlich
der verhältnismäßig kleinen Zahn-Alveolen wegen. Seine relative Schlankheit ist kein
genügend zuverlässiges Merkmal, da der größte Teil der Symphyse und mithin auch ein
Vergleich fehlt. Das Tier war zudem noch merklich kleiner als die beiden Exemplare von
T. tenuirostre, deren Symphysen soeben beschrieben wurden, wie auch das Exemplar von
T. gavialoides des Münchener Museums. Gerade im Hinblick auf die letztere Art muß
aber bedacht werden, daß die größere Schlankheit des Restes auf Rechnung des geringeren
Alters gesetzt werden kann. Die Tatsache, daß die Spitze der Splenialia zwischen den
sechsten und siebenten Zahn (vom Symphysenwinkel ab gerechnet) reicht, ist ebenfalls kein
sicheres Merkmal, denn die Länge der Splenialia variiert, wie dies ja schon aus ihrem
Verhalten bei den beiden Symphysenstücken von *T. tenuirostre* hervorgeht. Hier reicht
die Spitze der Splenialia bei dem Typus bis zum elften Zahn von der Spitze ab gerechnet
(= neunter Zahn von dem Symphysen-Winkel ab gerechnet), bei dem zweiten Exemplar

aber bis zum 13. Zahn von vorn gerechnet (= siebenter Zahn vom Symphysen-Winkel ab); bei *T. gavialoides* reicht die Spitze der Splenialia bis zum zehnten Zahn von vorn gerechnet (= siebenter Zahn vom Symphysenwinkel ab). Es ist also auch hier keine einwandfreie Entscheidung zu treffen. Der verhältnismäßig geringe Durchmesser der Alveolen scheint mir also noch das einzige einigermaßen brauchbare Merkmal zu sein, auf Grund dessen man den Rest zu *T. tenuirostre* stellen kann, obwohl ich nicht verkenne, daß es auch nicht absolut sicher ist.

Crocodilus megarhinus Andrews.
Grosser Schädel.

Württemb. Naturaliensammlung, Stuttgart.   Östl. v. Schweinfurtplateau (Qatrani-Stufe).
MARKGRAF leg. 1904.   Taf. 11, Figs. 5a, 5b, 5c und 5d.

Erhaltungszustand. Der Schädel ist sehr gut erhalten. Allerdings fehlt die ganze Unterseite (Pterygoidregion) des Hinterhauptes, dafür ist die Oberseite aber umso besser erhalten. Die Praemaxillen sind in der Suturlinie abgebrochen, die linke ist verloren gegangen; ebenso fehlt die hintere Spitze der rechten, indes läßt sich dieses Stück aus der Lücke zwischen Nasale und Maxilla leicht rekonstruieren. Auf der rechten Seite ist die Postfrontalecke etwas beschädigt und die obere Schicht des Quadratojugale und des hinteren Teiles des Jugale abgeschürft. Links ist der Schädel in der Gegend des Jochbogens seitlich etwas gedrückt, doch ist diese Deformation nur unerheblich.

Genaue Beschreibung. Der Schädel ist von gewaltigen Dimensionen und gehörte zweifelsohne einem alten Exemplare an. Für das Alter des Tieres sprechen die geringe relative Größe des eigentlichen Schädeldaches und ferner die Kleinheit der Supratemporalgruben und der Orbitae. Vergleichen wir ihn mit dem Schädel eines alten *Cr. vulgaris (niloticus)*, so fallen vor allem die relativ sehr bedeutende Länge der Schnauzenpartie, sowie ihre große Flachheit auf. Die Länge der Schnauze (vom Vorderrand der Orbitae bis zur Spitze der Praemaxillen gemessen) verhält sich zur Länge des Schädel- und Gesichtsteiles (vom Hinterrand des Parietale bis zum Vorderrand der Orbita gemessen) ungefähr wie 5 zu 3. Es beträgt also die Länge des Schädel- und des Gesichtsteiles zusammengenommen nur wenig mehr als die Hälfte des Schnauzenteiles. Dabei macht aber *Cr. megarhinus* keineswegs den Eindruck einer schmalschnauzigen Form. Die graduelle Verschmälerung der Schnauze ist vielmehr bis in die Gegend des fünften Maxillarzahnes (von vorn gerechnet) eine sehr geringe. Die größte basale Breite der Schnauzenregion liegt in der Gegend des 14. Maxillarzahnes. Von hier bis in die Gegend des fünften Zahnes ist die Differenz in der Schnauzenbreite eine sehr geringe. Sie beträgt auf der ganzen, 22 cm langen Strecke nur 3 cm. Die größte Schnauzenbreite beträgt (bei schätzungsweiser Berücksichtigung der Deformation) etwa 25 cm, also die Hälfte der Schnauzenlänge, die Breite am fünften Maxillarzahn 22 cm. Dann verjüngt sich der Schädel plötzlich sehr stark und ist an der Sutur von Maxillen und Intermaxillen (Maxillo-Intermaxillareinschnürung) nur mehr 11 cm breit. Die seitliche Festonierung des Schnauzenteiles ist ziemlich gut ausgeprägt. Unmittelbar vor den Vorderecken der Orbitae ist die Schnauze etwas, wenn auch nur unbedeutend, schmäler als in der Gegend des 14. Maxillarzahnes. Vom 14. Maxillarzahn ab erfolgt eine Verschmälerung bis in die Gegend zwischen dem sechsten und siebenten Maxillarzahn, wo die Schnauzenbreite 20 cm beträgt, worauf eine abermalige Verbreiterung bis zum fünften Maxillarzahn erfolgt. Durch die bereits erwähnte starke Maxillo-Intermaxillareinschnürung wird diese vordere Schnauzenfestonierung noch besonders auffällig. Die Praemaxillen sind wiederum sehr groß und breit, sodaß auch aus diesem Grund der Eindruck einer lang- und schmalschnauzigen Form nicht aufkommen kann. Der Eindruck der Breitschnauzigkeit wird auch noch durch die geringe seitliche Ausladung der Hinterhauptsflügel hervorgehoben. Der Abstand zwischen den Außenecken der Quadratgelenke beträgt nur 31 cm (im Vergleich mit 255 mm Basalbreite des Schnauzenteiles). Das auffallendste Merkmal des Schädels von *Cr. megarhinus* ist aber seine Abplattung. Die seitliche und die hintere obere Profillinie des Cranialdaches verlaufen fast geradlinig, die Region zwischen den Supratemporalgruben ist etwas vertieft. Dagegen ist das Interorbitalspatium völlig plan ohne aufgeworfene Orbitalränder. Die vom Jugale und Quadratum gebildete Partie fällt nur schwach nach außen und unten ab, das Occiput (vom Oberrand des Parietale bis zur Oberfläche des Condylus gemessen) ist im Verhältnis zu der Schädelgröße ungemein niedrig (7 cm). An der Schnauzenbasis ist die Oberfläche der Schnauze in der Mitte leicht vertieft. Bis zur Gegend des fünften Maxillarzahnes bleibt eine breite (hinten 17 cm breit und nach vorn zu sich allmählich auf 15 cm verschmälernd) mediane Zone vollkommen plan. Jederseits dieser Zone fallen die Kopfseiten in ziemlich mäßiger Senkung nach unten ab.

Genaue Beschreibung. Occipitalfläche und Hinterhauptsflügel. Im Verhältnis zur Größe des Schädels ist diese Region, wie bereits bemerkt, ziemlich gering entwickelt. Das Verhältnis der Höhe der Hinterhauptsfläche zu ihrer Breite ist etwa wie 1 zu 3. Knochennähte sind nur mehr spurweise sichtbar. Die Mediansutur der Exoccipitalia, der untere Winkel der Supraoccipitalsutur und der vordere Teil der Sutur zwischen dem rechten Squamosum und dem Exoccipitale sind gerade noch erkennbar. Der obere Rand des Foramen magnum ist etwas defekt. Schätzungsweise dürfte die Sutur zwischen den Exoccipitalien 18—20 mm betragen haben. Da der untere Nahtwinkel des Supraoccipitale erhalten ist, läßt sich seine Höhe mit 37 mm angeben. Seine Breite läßt sich nicht mehr genau feststellen. Wie bei anderen Crocodiliden befinden sich bei ihm rechts und links je eine, außen von einer Grube begrenzte Facette. Der Abstand der beiden, durch Verwitterung etwas undeutlich gewordenen Gruben beträgt 70—72 mm. Dieses Maß entspricht ungefähr der größten Breite des Supraoccipitale. Zwischen den soeben besprochenen Facetten, deren obere Profillinie schräg nach außen und unten geneigt ist, springt die Hinterwand des Supraoccipitale mit einer flachen dreieckigen Fläche, deren Spitze nach unten gerichtet ist, nach hinten vor. Die Naht der Squamosa beginnt an der seitlich von den Facetten gelegenen Grube und geht mäßig steil nach unten. Sie ist nur eine kurze Strecke weit zu erkennen. Die Exoccipitalflügel, auf welchen in der bekannten Weise die Squamosalflügel aufgelagert sind, bilden wie bei allen Crocodiliern einen Endknorren. Die untere Kontur dieses Flügels verläuft fast horizontal und ist konvex. Seine obere Profillinie ist ziemlich stark konkav und mäßig steil abfallend. Hinter den Exoccipitalknorren sind die Quadrata ziemlich stark nach hinten und unten umgebogen. Die Oberfläche dieses Teiles der Quadrata ist außerdem schräg von oben und außen nach unten und innen umgebogen. Die Gelenkfläche der Quadrata ist dreifach orientiert. Erstens überragt ihre Innenecke nach hinten zu etwas ihre Außenecke. Sie ist also schräg von vorn und außen nach innen und hinten gerichtet. Ferner sind infolge der bereits besprochenen Neigung der Oberfläche des Quadratums auch die Gelenkpfannen von oben und außen nach unten und innen geneigt und endlich steht die Gelenkfläche nicht vertikal, sondern ist leicht schräg von oben und hinten nach unten und vorn gerichtet. Die Gelenkfläche ist gesattelt, außen erst konvex, dann ausgehöhlt wie bei den übrigen Crocodilusarten. Der Condylus occipitalis ist ziemlich lang und breiter wie hoch; er besitzt oben eine Hohlkehle und hinten Spuren einer Einkerbung. Das Foramen magnum ist breiter als hoch. Sein oberer Rand springt dachförmig vor. Der untere Teil des Basioccipitale besitzt eine mediane Crista. Da seine unterste Spitze defekt ist, ist seine Länge nicht mehr mit Sicherheit festzustellen. Das Basisphenoid war unter dem Basioccipitale von hinten sichtbar. Die Apertura eustachii ist noch spurweise erhalten.

Schädeldach. Das eigentliche Schädeldach ist vorn etwas schmäler als hinten. Die Länge des Vorderrandes verhält sich zu der des Hinterrandes etwa wie zwei zu drei; die Länge des Seitenrandes ist gleich der des Vorderrandes. Der Teil hinter den Supratemporalgruben ist vollkommen plan. Die Region der Temporalgruben ist ein wenig vertieft und entsendet eine vertiefte Furche nach der Gegend des hinteren Parietalrandes, die denselben indessen nicht erreicht. Der hintere Rand des Cranialdaches erscheint von oben gesehen leicht konkav. Die Postfrontalia springen über den vorderen Teil des Seitenrandes der Supratemporalgruben vor, sodaß die vordere Ecke derselben überwölbt erscheint. Die Supratemporalgruben sind relativ klein, ihre hintere innere und ihre vordere Wand fallen schräg und ihre seitliche steil ab, ihr Rand ist nur an der Innenseite schwach aufgewulstet und ihre Form ist ein breites unregelmäßiges Oval mit einem spitzeren Vorder- und einem stumpferen Hinterwinkel. Der zwischen den Supratemporalgruben liegende Teil des Parietale ist nur mäßig breit und ganz schwach konkav.

Gesichtsteil und Jochbogen. Die Orbitae sind eiförmig, vorn mäßig spitzwinklig endend, schräg von außen und hinten nach innen und vorn und außerdem völlig nach oben gerichtet. Ihr Längsdurchmesser verhält sich zu ihrem Breitendurchmesser, wie 8 zu 5. Ihre Außenränder sind nicht aufgeworfen und das Interorbitalspatium ist kaum konkav; nur der zwischen den Vorderecken der Orbitae liegende Teil ist leicht ausgehöhlt. Die obere Partie des vor der Postorbitalsäule gelegenen Teiles des Jugale ist fast ausschließlich nach oben gewendet und nur ganz mäßig nach außen und unten abfallend, der untere Teil dagegen fällt fast senkrecht ab. Hierdurch kommt die Lacrymalgegend fast in eine Horizontalebene zu liegen. Diese Orientierung des Jochbogens gibt dem Schädel ein charakteristisches Gepräge. Da der untere Teil des vorderen Abschnittes des Jugale und der hintere Teil der Maxilla fast senkrecht abfallen, die letztere aber in den mehr nach vorn gelegenen Schnauzenpartien seitlich viel weniger schroff abfällt, erscheint von oben gesehen der hintere Teil der Maxilla unter den Jochbogen geschoben. Der hintere Teil des Jochbogens fällt nicht so steil ab, wie bei den rezenten Krokodilen; Quadratojugale und der hintere Teil des Jugale sind mäßig schräg nach außen und unten abfallend. Die Postorbitalsäule ist nicht sehr hoch, die Postorbitalgruben haben die Form eines spitzwinkligen, mit der Spitze nach hinten orientierten Dreiecks. Ihr Längsdurchmesser verhält sich zu ihrem Höhendurchmesser etwa wie 4,5 zu 3. Die Nähte des Quadratojugale mit dem Quadratum und dem Jugale sind nur an ihrem unteren Teil sichtbar. Die Spina quadratojugalis ist weggebrochen.

Schnauzenteil. Bezüglich der Schnauzenabplattung ist das Wichtigste bereits gesagt. Die seitliche wie auch die untere Ausladung der hinteren Schnauzenfestonierung sind wenig beträchtlich, sodaß hier sowohl der Seiten- wie auch der Unterrand der Maxilla wenig geschwungen erscheinen. Die Seiten dieses Teiles fallen nicht steil ab, aber immerhin steiler als die an der ersten Festonierung, die nach der Seite, wie auch nach unten recht beträchtlich vorspringt. Die wohl erhaltene Naht zwischen Maxilla und Jugale weicht nicht von der bei rezenten Crocodilus-Arten ab. Sonst sind leider keine Nähte zu erkennen. Die Schnauzenpartie zwischen dem ersten Praemaxillar- und dem fünften Maxillarzahn ist am flachsten. Die Nasalia waren — soweit sich dies noch erkennen läßt — anscheinend schmal. Die Einschnürung zwischen Praemaxilla und Maxilla ist, wie bereits erwähnt, sehr stark, die Praemaxillarregion groß, vorn kreisförmig verrundet und nur wenig länger als breit. Die sehr große Nasalapertur hat die Form eines spitzwinkligen Dreiecks mit nach hinten gerichteter Spitze und an der Basis gerundeten Ecken. Ihre Länge verhält sich zu ihrer Breite wie 7 zu 5,5, ihre Wände sind nur ganz schwach überhängend, fast senkrecht abfallend. Der vordere Teil der Nasalia ist abgebrochen, doch kann man an dem Spalt, der sich zwischen den Praemaxillen (eine davon ist ergänzt) von hinten bis in das Lumen der Nasalapertur hinein fortsetzt, erkennen, daß sie in die Nasalapertur etwas hineinragten.

Unterseite. Die Unterseite des Schädels ist stark zerstört. Das ganze hintere Gaumendach ist weggebrochen. Nur der vordere Teil der Palatina und der oberste Teil des rechten Transversums sind erhalten. Die Alisphenoide, der vordere Teil des Basisphenoids, sowie die Pterygoidea fehlen vollständig, ebenso die Transversa bis auf den erwähnten Rest. Dieser bildet mit dem Jugale und dem Maxillare eine lange, am vorderen Jugale winklig nach oben geknickte Sutur. Die Suturlinie von Basioccipitale und Exoccipitale ist von unten auf ein Stück zu erkennen und zeigt, daß nur das erstere den Condylus occipitalis bildet. Auf der Innenseite des Quadratums hinter der Fenestra befindet sich ein Kamm, der oben mit einem eckigen Vorsprung beginnt. Die Knochenpartie um die Fenestra ist stark verwittert, so daß sich hier nichts bestimmtes aussagen läßt. Die Unterseite des Hinterhauptsflügels ist leicht konkav, da sich Jugale und Quadratojugale nach unten umbiegen und eine Art äußeren Wulst bilden. Die Unterseite des Frontale hat eine Hohlrinne mit scharfen Rändern. Die Pterygoidea sind dicht hinter ihrer schmalsten Stelle weggebrochen. Dem Verlauf der etwas unsicheren Sutur nach scheinen die Palatina nach vorn zu zungenförmig zwischen die Maxillen vorgesprungen zu sein, indes läßt sich über ihr vorderes Ende (ob spitz oder abgerundet) nichts mehr aussagen. Der zwischen den Palatingruben gelegene Teil der Palatina war stark nach unten gebogen. Ebenso scheint (auch nach der Länge des nicht völlig erhaltenen unteren Teiles des Basioccipitale zu urteilen) die Pterygoidregion steil nach unten abgefallen zu sein. Die Palatingruben sind nur in ihrem vorderen Teil erhalten. Ihre Spitze liegt zwischen dem achten und neunten Zahn der Maxilla. Ihr vorderer Winkel ist sehr spitz. Ihre äußere Wand verläuft in ihrem vorderen Teil annähernd parallel dem Außenrand der Maxilla und biegt dann in stumpfem Winkel nach innen um. Der die Alveolen tragende Kieferrand ist stark aufgewulstet, die Gaumenplatte zwischen den Kieferrändern leicht gewölbt. Infolge der stark aufgeworfenen Alveolarränder liegen die Vorderecken der Palatingruben vertieft; von ihnen aus verläuft eine nach vorn zu immer schmaler und seichter werdende Grube, die

sich etwa beim sechsten Maxillarzahn ganz verliert. Es lassen sich 13 Maxillarzähne feststellen; zwischen dem sechsten und siebenten und dem siebenten und achten befindet sich
je eine Interdentalgrube. Der vierte und fünfte Zahn der Maxilla ist sehr stark und zwar
war (dem Durchmesser der Alveolen nach zu urteilen) der fünfte nur wenig stärker als
der vierte. Von den fünf Praemaxillar-Zähnen war der vierte außerordentlich kräftig entwickelt. Sein Alveolardurchmesser (30 mm) ist gleich dem des fünften Zahnes der Maxilla.
Die Gaumenfläche der Praemaxillen ist leicht konkav. Von den Zähnen sind nur der
sechste Maxillarzahn rechts (schlecht) und der zehnte links (gut aber erst am Hervor-
brechen) erhalten. Zwischen dem ersten und zweiten und dem zweiten und dritten Maxillarzahn bemerkt man seitlich je eine ganz schwache Interdentalgrube. Das Foramen incisivum ist spitz herzförmig, die Spitze nach vorn gerichtet. Das hintere stumpfe Ende
entsendet nach hinten einen kurzen spitzen Fortsatz. Der Längsdurchmesser des Foramen
incisivum verhält sich zu seinem Querdurchmesser wie 3 zu 2.

  Schädelskulptur. Die Skulptur des vorliegenden Schädels ist sehr schwach. Das
Cranialdach ist mit rundlichen Gruben, die übrige Schnauze mit schwachen Längsgruben
bedeckt. Die Praemaxillen sind unregelmäßig gerunzelt.

Maße.

Vom Condylus occipitalis bis zur Schnauzenspitze	724 mm
Vom Hinterrand des Parietale bis zur Schnauzenspitze.	690 „
Länge des Hinterhauptsflügels von der Hinterecke des Cranialsegments bis zur Außenecke des Quadratgelenks	140 „
Von der Außenecke des Quadratgelenks bis zur Schnauzenspitze	774 „
Länge der Seiten des Schädeldachs	120 „
Hintere Breite desselben	159 „
Vordere Breite desselben	120 „
Von der Vorderecke des Schädeldachs bis zur Vorderecke der Orbita	85 „
Längsdurchmesser der Orbita.	80 „
Querdurchmesser derselben	52 „
Längsdurchmesser der Postorbitalgrube	45 „
Querdurchmesser derselben	30 „
Längsdurchmesser der Supratemporalgruben	36 „
Querdurchmesser derselben	33 „
Geringste Breite des Parietale zwischen ihnen	26 „
Geringste Breite des Frontale zwischen den Orbitis	35 „
Abstand der Vorderecken der Orbitae voneinander	92 „
Höhe der Postfrontalsäule	35 „
Länge der Praemaxillen	195 „
Längsdurchmesser der Nasalapertur	70 „
Querdurchmesser derselben	55 „
Länge des Praemaxillarbogens	135 „
Länge der vorderen Festonierung der Maxilla	175 „
Länge der hinteren Festonierung derselben (bis zum Hinterende des Maxillare)	230 „
Größte Breite zwischen den Außenecken der Quadratgelenke	310 „

Größte Schädelbreite in der Gegend der Postorbitalsäulen . . . . 260 mm
Größte Schädelbreite in der Gegend des fünften Maxillarzahnes . . . . . . 226 „
Größte Schädelbreite in der Gegend des neunten Maxillarzahnes . . . . . 255 „
Größte Breite der Praemaxillen . . . . 144 „
Geringste Breite der Intermaxillar-Einschnürung . . . . 110 „
Breite der Schnauze bei der Einschnürung zwischen dem sechsten und siebenten
    Zahn der Maxilla . . . . 200 „
Höhe des Occiputs vom Unterrand des Basioccipitale bis zum Oberrand des
    Supraoccipitale . . . . 166 „
Höhe des Occiputs vom Unterrand des Condylus bis zum Oberrand des Supraoccipitale 109 „
Länge des Condylus . . . . 44 „
Höhe desselben . . . . 30 „
Breite desselben . . . . 42 „
Höhendurchmesser des Foramen magnum . . . . 19 „
Querdurchmesser des Foramen magnum . . . . 29 „
Abstand der Außenecken der Exoccipitalia . . . . 220 „
Länge des unterhalb des Condylus gelegenen Teils des Basioccipitale . . . 67 „
Breite desselben . . . . 68 „
Entfernung von der Hinterecke des Cranialsegments bis zur Außenecke der
    Exoccipitalia . . . . 75 „
Breite des Quadratgelenks . . . . 79 „
Abstand von der Hinterecke des Exoccipitale bis zur Außenecke des Quadratgelenkes 65 „
Längsdurchmesser des Foramen incisivum . . . . 41 „
Breitendurchmesser desselben . . . . 23 „
Geringste Höhe des Jugale . . . . 38 „

* * *

Schädelfragment ohne Unterkiefer.

Palaeontol. Staatssammlung München 1905. XIII. d. 1. Qatranistufe. Markgraf leg. 1904.

Erhaltungszustand. Das Hinterhaupt unterhalb des Foramen occipitale, die äußersten Ecken der Exoccipitalia, das rechte Quadratgelenk, der größte Teil der Praemaxillen und die gesamte Unterseite des Schädels fehlen. Von der vorderen Maxillarpartie sind seitlich größere Stücke weggebrochen. Ferner ist der Schädel durch Gesteinsdruck flachgedrückt.

Genaue Beschreibung. Occiput und Hinterhauptsflügel. Der noch erhaltene Teil der Hinterhauptsfläche (Supraoccipitale, Squamosa und Exoccipitalia) ist in seiner Gestalt dem von *Cr. niloticus* sehr ähnlich, nur erscheint er stark ausgehöhlt. Der obere Rand des Schädeldaches springt nach hinten wulstartig über die Hinterfläche des Schädels vor, die absteigenden, auf den Quadratis aufliegenden Äste der Squamosa treten noch stärker kammartig hervor als bei den rezenten Crocodilus-Arten, das Supraoccipitale ist schräg gestellt (von oben und außen nach innen und unten gerichtet) und mithin über die Occipitalfläche überhängend. An letzterem Umstand, wie auch an dem starken Vorspringen des Randes des Schädeldaches dürfte allerdings auch der Gesteinsdruck bis zu einem gewissen Teil mitgewirkt haben. Von den Nähten läßt sich nur mehr die untere Naht des Supraoccipitale erkennen; sie ist ausgesprochen stumpfwinklig. Über das Supraoccipitale, das stark verwittert ist, läßt sich nur noch sagen, daß es einen deutlichen Mittelkiel besitzt. Das durch Gesteinsdruck etwas deformierte und am Rande angewitterte Foramen magnum war relativ klein und etwas breiter als hoch. Der Hinterhauptsflügel ist ziemlich breit, der Condylus breit, aber sehr flach (besonders die nach innen gelegene Partie) und nur schwach gesattelt.

Schädeldach. Das Cranialsegment ist verhältnismäßig klein und etwas kleiner als bei den anderen Crocodilus-Arten. Auffällig ist es, daß es absolut plan erscheint. Es ist hinten etwas breiter als vorn, seine vordere Breite übertrifft um ein Geringes seine Länge. Der Hinterrand des Parietale bildet einen flach nach hinten vorspringenden Bogen; rechts und links von demselben verläuft die Außenlinie des Schädeldachs schräg von vorn und innen nach hinten und außen, so daß der Gesamthinterrand eine doppelt geschwungene Linie bildet. Die Supratemporalgruben sind wie bei allen erwachsenen Crocodilus-Arten ziemlich klein, ausgesprochen eiförmig und schräg gestellt, wobei die Spitze nach vorn und innen gerichtet ist. Der Zwischenraum zwischen den Schläfengruben ist ziemlich breit, so breit wie der Querdurchmesser derselben. Der Cranialteil ist an den Rändern nicht aufgewulstet und am hinteren Außenrand nicht verdickt.

Gesichtsteil. Der Gesichtsteil ist charakterisiert durch den auffallend schmalen Interorbitalraum, der nicht wesentlich breiter ist als der Zwischenraum zwischen den Schläfengruben. Die Orbita selbst ist verhältnismäßig klein, breit eiförmig, sowie schräg gestellt (die Spitze nach vorn und innen gerichtet). Sie öffnet sich fast nur nach oben. Die Orbitalränder zeigen keine Spur von Aufwulstung, der Interorbitalraum ist vollkommen flach. Die Nähte des Frontale lassen sich noch einigermaßen erkennen. Sein Hinterrand ist ganz leicht nach hinten ausgebogen, nach vorn entsendet es einen mäßig langen schlanken Fortsatz. Durch seine geringe Breite unterscheidet es sich von den Frontalen der meisten rezenten Krokodile. (Länge mit Fortsatz 110 mm; Länge ohne Fortsatz 7 mm; Breite am Hinterrand 68 mm; geringste Breite 37 mm).

Schnauzenteil. Der Schnauzenteil war — auch wenn wir den Gesteinsdruck mit in Betracht ziehen — auch beim lebenden Tier schon sehr flach. Besonders die eigentliche Mittelzone der Schnauze war ganz eben, die Seitenzonen dagegen fielen, |wie das eine erhaltene Stück derselben auf der linken Seite zeigt, ziemlich steil ab. Neben der flachen Oberseite dürfte die geringe Höhe des Schnauzenteiles für *Cr. megarhinus* charakteristisch sein. Vom Unterrand der Maxilla ist nur die hintere Festonierung, die ziemlich flach ist, auf der linken Seite erhalten. Von der vorderen Festonierung existiert nur mehr ein kleiner Rest, der aber genügt, um zu zeigen, daß die Einbuchtung zwischen den beiden Bögen der Maxilla eine wohl ausgeprägte ist und daß der vordere Bogen jedenfalls gut entwickelt war. Nähte sind nicht sichtbar. Da außerdem die Seitenteile der Schnauze meist zerstört und von der Praemaxilla nur mehr Bruchteile vorhanden sind, läßt sich über die Schnauzenpartie nichts mehr sagen.

Schläfenpartie. Das Jugale ist verhältnismäßig schlank, schlanker als bei großen Exemplaren von *Cr. niloticus*. Es kommt das zum Teil daher, daß die Postorbitalgruben länger als hoch sind, sich also etwas mehr nach hinten erstrecken als bei dieser Art. Der Hinterhauptsflügel erscheint ziemlich breit, der Condylus wohl breit, aber flach (besonders die innere Partie) und nur schwach gesattelt. Die Spina quadratojugalis ist abgebrochen, war aber nach dem noch erhaltenen basalen Teil zu urteilen, wohl ausgeprägt. Der Postorbitalpfeiler ist bemerkenswert schlank.

Unterseite. Der Rand des Parietale, an den die Ala temporalis sich anlegt, ist stärker umgebogen und aufgewulstet als bei *Cr. niloticus*; daher erscheint das Dach der Hirnhöhle, das bei dem Parietale eines zerlegten Schädels von *Cr. niloticus* als seichte Mulde ohne Seitenwände sich darstellt, hier stark konkav und von seitlichen Wänden begrenzt. Der Teil, den das Frontale zu dem Dach der Hirnhöhle beisteuert, hat die Gestalt einer ziemlich tiefen, von' wulstigen Rändern begrenzten Rinne. Da der Interorbitalraum (und mithin auch das Frontale) sehr schmal ist, nimmt diese Rinne einen viel größeren Teil der Gesamtbreite des Frontale ein, als dies bei *Cr. niloticus* der Fall ist. Der Nasenkanal und die Oberfläche der Nasenhöhle sind ziemlich breit, aber flach; erstere ist auch von wulstigen Rändern begleitet. Vor den von den Praefrontalen aus nach unten vorspringenden Pfeilern bilden die Nasalia an ihrer gemeinsamen Naht eine Strecke weit eine dachförmig nach unten vorspringende Längsleiste, die hinten höher und breiter ist als vorn und nicht ganz bis zu einer Linie mit der Einbuchtung zwischen dem ersten und dem zweiten Maxillarbogen reicht.

Skulptur. Auf dem Schädeldach und dem Jochbogen ist die Skulptur teils grubig, teils runzlig, auf dem Gesichtsteil werden die Runzeln mehr länglich und auf der Schnauzenpartie findet man schmale Längsrunzeln und Längsgruben.

Maße.

Länge des Hinterhauptflügels von der Außenecke des Schädeldachs bis zur Außenecke des Quadratgelenks . . .	139 mm
Länge des Cranialsegments	115 „
Hintere Breite desselben	155 „
Vordere Breite desselben . . . . : . .	125 „
Längsdurchmesser der Supratemporalgruben	45 „
Querdurchmesser derselben	29 „
Schmalste Stelle des Parietale zwischen ihnen	32 „
Längsdurchmesser der Orbita	85 „
Querdurchmesser derselben	65 „
Schmalste Stelle des Frontale zwischen ihnen	37 „
Abstand der Vorderecken der Orbitae voneinander . .	85 „
Höhe der Postorbitalsäule	50 „
Länge der Postorbitalgrube	59 „
Höhe derselben	46 „
Geringste Höhe des Jugale	38 „
Höhe des Exoccipitale	40 „
Abstand des Foramen magnum vom Oberrand des Schädeldachs	58 „
Breite des Schädels an den Außenecken der Quadratgelenke (durch Verdoppelung der Maße der erhaltenen Hälfte)	318 „
Geringste Höhe der Hinterhauptsfläche (zwischen dem Oberrand des Squamosums und dem Unterrand des Quadratums)	75 „
Breite des Foramen magnum	26 „
Höhe desselben	20 „

D. Fluviomarines Untermiocaen im Uadi Faregh, südlich des Uadi Natrun.

(Burdigalien)

Reste nur im Senckenbergischen Museum, Frankfurt a. M.

? Tomistoma dowsoni R. Fourteau.

Fragment von Schädeldach und Gesichtsteil.

Senckenberg. Museum Frankfurt a. Main.   Uadi Faregh (Oberes Untermiocaen).   MARKGRAF leg. 1904.

Erhaltungszustand. Erhalten sind die Praefrontalia, das Frontale mit Ausnahme seiner hintersten Seitenränder, das Parietale, Teile der Squamosa, das Supraoccipitale, die Exoccipitalia mit Ausnahme ihrer äußersten Spitzen und das Basioccipitale mit Ausnahme seiner untersten Partie. Die Bruchstellen sind meist etwas abgeschliffen, sonst ist aber der Erhaltungszustand ein ganz vorzüglicher. Die Knochennähte sind sehr deutlich.

Genaue Beschreibung. Gegen die Zugehörigkeit zur Gattung Crocodilus sprechen die großen Supratemporalgruben, gegen die Zugehörigkeit zu Gavialis das verhältnismäßig schmale und kleine, nicht konkave Frontale, dessen sehr schlanker vorderer Fortsatz bereits an der Basis kaum breiter als kurz vor seiner Spitze erscheint und auch weit schlanker ist als dies bei *T. schlegeli* in der Regel der Fall zu sein pflegt; ferner die Form der Praefrontalia und die Tatsache, daß der noch vorhandene Teil des Orbitalrandes auf langgestreckte Orbitae hindeutet. Ich halte daher den Rest für zu Tomistoma gehörig und vermute, daß er der von R. FOURTEAU beschriebenen Art *Tomistoma dowsoni* (R. FOURTEAU, Contribution à l'etude des Vertébrés miocènes de L'Ecypte, Caire 1918, p. 22) angehörte. Da FOURTEAU bei der Beschreibung der neuen Art nur Rostra zur Verfügung standen, ist die Zugehörigkeit des mir vorliegenden Schädelfragmentes zu *T. dowsoni* keine absolut sichere.

Obwohl der hintere Teil der Suturränder abgebrochen und abgeschliffen ist, kann man doch sagen, daß das Frontale kaum breiter wie lang (ohne den vorderen Fortsatz) gewesen sein dürfte. Sein hinterer Rand ist leicht konvex (Biegung nach hinten), an seinem vorderen Rand erfolgt die Verschmälerung zum Fortsatz nicht allmählich sondern plötzlich. Das Parietale ist schmal, der Zwischenraum zwischen den Supratemporalgruben gering. Der Hinterrand des Parietale springt winklig nach hinten vor, an Stelle der Winkelspitze ist jedoch der obere Teil des Supraoccipitale eingekeilt. Da dessen Hinterrand gerade verläuft, macht die ganze Partie den Eindruck eines Dreiecks mit abgeflachter Spitze. Rechts und links von diesem Dreieck verläuft die Randlinie des Hinterhaupts (von oben gesehen) in konkavem Bogen schräg nach außen und hinten; die Randlinie des Hinterhaupts bildet also in ihrer Gesamtheit einen nach hinten offenen Bogen, in dessen Mitte die hintere Parietalregion winklig nach hinten vorspringt. Der die Supratemporalgruben hinten umgebende Reif war schlank, doch scheint der Hinterrand der Supratemporalgruben nicht halbkreisförmig gewesen zu sein, sondern mehr oval geendet zu haben. Der flügelartige, nicht skulptierte Teil der Squamosa unterscheidet sich kaum von dem der rezenten Art. Die Occipitalregion ist sehr stark konkav, besonders in den seitlichen Partien; sowohl der Ober- und Hinterrand des eigentlichen Schädeldaches als auch der der Squamosalflügel springen nach hinten zu beträchtlich über den konkaven Teil der Hinterhauptsfläche vor. Das Supraoccipitale ist etwas schräg gestellt; sein oberer Rand liegt weiter zurück als die untere Partie. Im Gegensatz hierzu ist der untere Rand des Foramen magnum weiter nach hinten gerückt als sein Oberrand. Die beiden seitlichen Facetten des Supraoccipitale sind größer als bei *T. schlegeli*, der zwischen ihnen gelegene und in den Hinterrand des Parietale eingreifende Teil desselben ist höher, aber wesentlich schmäler als bei der rezenten Art. Der senkrechte Mittelkiel des Supraoccipitale ist vorhanden, aber nur schwach entwickelt. Die beiden Suturränder des Supraoccipitale (Nähte mit den Exoccipitalen) bilden unten einen rechten Winkel. Die Naht, die die Exoccipitalia über dem Foramen magnum miteinander bilden, scheint sehr kurz gewesen zu sein. Da der Oberrand des letzteren weggebrochen ist, kann sie nicht mehr genau gemessen werden. Das Foramen magnum ist groß und erscheint breit queroval. Seine Breite ist annähernd gleich der Breite des Condylus an seiner Basis. Letzterer ist besonders an seinem hinteren Ende etwas abgewittert, doch kann man noch feststellen, daß er ziemlich beträchtlich nach hinten vorsprang. Das gesamte Occipitalsegment scheint etwas niedriger gewesen zu sein, als das der rezenten Art. Die Praefrontalia sind mäßig groß, ziemlich langgestreckt, hinten schief abgestutzt und vorn in eine mäßig lange Spitze endend. Auf der Unterseite ist der das Dach der Gehirnkapsel bildende Teil des Parietale breit und ziemlich tief ausgehöhlt. Diese Höhlung verengert sich auf der Unterseite des Frontale rasch zu einem schmalen, von flachwulstigen Rändern begrenzten Kanal.

Die Skulptur der ganzen Oberseite des Cranialsegmentes und des Gesichtsteiles besteht aus ziemlich großen, flachen, rundlichen oder unregelmäßig länglichen Gruben.

M a ß e.

Länge des rechten Praefontale	55	mm
Größte Breite des Praefrontale	17	„
Länge des Frontale	93	„
Länge des Frontalfortsatzes	49	„
Breite desselben	5,5	„
Länge des Frontale ohne Fortsatz	44	„
Vordere Breite dieses Teiles	35	„
Größte Länge des Parietale	59	„
Hintere Breite desselben	32	„
Vordere Breite desselben	42	„
Schmalste Stelle desselben	10	„
Schmalste Stelle der hinteren Supratemporalgruben-Umrandung	12	„
Höhe des Supraoccipitale	24	„
Breite desselben	40	„
Höhe des Occiputs vom Oberrand des Schädeldaches bis zum Unterrand des Condylus	63	„
Geringste Höhe des Schädeldaches vom Oberrand desselben bis zum Unterrand des Exoccipitale	43	„
Breite des Foramen magnum	23	„
Breite des Condylus	23,5	„

Bruchstück einer Mandibel.

Senckenberg. Museum, Frankfurt a. M.   Uadi Faregh (Oberes Untermiocaen).
Prof. Stromer v. Reichenbach leg. 1904.

Nur der hinterste Teil der Symphyse und je ein kurzes Bruchstück der beiden Rami sind erhalten. Ich bin nicht davon überzeugt, daß die Symphyse *T. dowsoni* angehört, denn sie zeigt jederseits zwischen dem zweiten und dritten Zahn (von dem Symphysenbeginn ab gerechnet) eine Einbuchtung. Die Alveole des ersten Zahnes (vom Beginn der Symphyse ab) ist größer als die der übrigen Zähne; hinter ihr befindet sich eine Interdentalgrube.

E. Fluviomarines Mittel-Pliocaen.

Uadi Natrûn.   (Astien).

Spärliche Reste in München, Freiburg und Frankfurt a. M.

Verschiedene zum Teil nicht mit Sicherheit zu bestimmende Reste Pliocaen des Natrontales.

Palaeontologisches Institut Freiburg i. B.

1. **Unterkieferfragment einer Crocodilusart.** Erhalten ist der vordere Teil des linken Unterkieferramus vom ersten bis achten Zahn. Die Alveole des ersten Zahnes ist beschädigt und mit Ausnahme eines Ersatzzahnes in der vierten Alveole fehlen die Zähne vollständig. Sonst ist das Kieferfragment sehr gut erhalten. Die Symphyse reicht bis zum Hinterrand der vierten Alveole. In der Form erinnert es sehr an *Crocodilus vulgaris (niloticus)*. Als Unterschied wäre zu erwähnen, daß, wie man aus den Alveolen ersehen kann, der zweite und dritte Zahn etwas stärker entwickelt gewesen zu sein scheinen, als dies bei der rezenten Art der Fall ist. Bei *Cr. vulgaris* ist der zweite und dritte Zahn erheblich schwächer als der erste und besonders der vierte Zahn. Der Größenunterschied zwischen den Zähnen scheint überhaupt ein etwas geringerer gewesen zu sein als bei *Cr. vulgaris*, denn auch die auf den vierten Zahn der Mandibel folgenden Zähne sind bei dem fossilen Rest größer als bei letzterem. Interdentalgruben fehlen. Ich möchte aber auf dieses Merkmal kein besonderes Gewicht legen, da bei den mir vorliegenden Schädeln von *Cr. vulgaris* die Entwicklung dieser Gruben eine äußerst variable ist. So zeigt z. B. ein Exemplar aus der Ladoenklave zwischen dem vierten und fünften, dem fünften und sechsten, dem sechsten und siebenten und dem siebenten und achten Zahn sehr gut entwickelte Interdentalgruben, bei einem Exemplar aus Kamerun sind Interdentalgruben nur zwischen dem fünften und sechsten und dem sechsten und siebenten Zahn entwickelt, zwischen dem siebenten und achten und besonders zwischen dem achten und neunten Zahn ist der Kiefer außen mit einer Hohlkehle versehen; zwischen dem neunten und zehnten Zahn dagegen sitzt wiederum eine sehr tiefe Interdentalgrube, die dem Ladoexemplar völlig fehlt. Bei einem großen Exemplar aus D. O. Afrika sitzt eine sehr tiefe Interdentalgrube zwischen dem siebenten

und achten Mandibularzahn, eine weniger sttarke zwıschen dem neunten und zehnten; bei einem zweiten gleich großen fehlt aber jæde Spur von Interdentalgruben. Bei beiden Stücken ist die Hohlkehle zwischen dem achtten und neunten Zahn ganz schwach entwickelt. Bei unserem größten Exemplar aus Süd-Kamerun fehlen ebenfalls die Interdentalgruben, während sie bei einem mittelgroßen Stück von Owamboland, D.S.W.Afrika zwischen dem vierten und fünften, dem fünften und sechstten, dem sechsten und siebenten und dem siebenten und achten zwar deutlich, aber niicht sehr stark entwickelt sind. Aus dieser Variabilität geht hervor, daß auf die Interdemtalgruben systematisch nicht allzuviel Gewicht gelegt werden darf. Die Splenialia erstrecktten sich bei dem fossilen Rest bis zum sechsten Mandibularzahn.

2. Eine Anzahl von Zähnen von *Euthecodon nitriae Fourteau?* Die Zähne sind nicht so flach gedrückt wie bei Gavialis, auclh besitzen sie meist nur schwache Seitenkanten. Ihre Skulptur besteht aus feinen Kanten, diie durch Rillen voneinander getrennt sind. Ich habe diese Zähne zu *Euthecodon nitriae* gesstellt, da bis jetzt noch keine Tomistoma-Art im Pliocaen Ägyptens nachgewiesen wurde. Sie können aber auch einer solchen angehört haben. Die Seitenkanten und die aus Rillem und feinen Graten bestehende Skulptur der Zähne sind ja kein ausschließliches Charakteeristikum der Zähne von Euthecodon und finden sich z. B. auch bei den Zähnen von *T. schllegeli*. Es ist also immerhin möglich, daß auch im Pliocaen von Ägypten noch eine Tomistcoma-Art gelebt hat.

3. Eine Anzahl von Zähnen einer Crocodilus-Art. Die Zähne sind kurz und gedrungen und stammen daher jedenfalls auıs den hinteren Partien der Maxillen bezw. der Mandibel. Die Seitenkante ist deutlich. Die SSkulptur besteht aus weit auseinanderstehenden, durch leicht konkave Zwischenräume getremmten Kanten.

Die folgenden Reste sind von Prof. DDr. STROMER VON REICHENBACH im Winter 1903/04 i m Pliocaen des Natrontales (meist bei demı Garet el Muluk) gesammelt und befinden sich im Senckenbergischen Museum zu Frankfurtt a. M.

Fragment eines Schädeldachs. Eürhaltıen sind das Frontale mit Ausnahme der vordersten Spitze, fast der ganze zwischen dden Schläfengruben gelegene Teil des Parietale, das rechte Postfrontale, ein kleiner daran aınstoßender Teil des Squamosums, sowie geringfügige Reste des linken Postfrontale. Das SSchädeldach weicht von dem eines annähernd gleich großen *Cr. vulgaris (niloticus)* in vielelen Punkten ab. Aber auch von dem eines *Cr. lloydi* ist es stark verschieden. Die Supratemporalgruben sind groß und länglich eiförmig, der zwischen ihnen liegende Teil dees Parietale ist ziemlich breit und absolut flach und die obere Umrandung der Supratemporralgruben ist auch auf dem Parietale nicht aufgewulstet. Die vom Postfrontale und Squamosum gebildete, die Supratemporalgrube außen umrandende Spange ist kräftiger als bei ıCr. vulgaris und bedeutend kräftiger als bei *Cr. lloydi*; die vordere Außenecke des Craniialdaches springt in scharfem Winkel (nahezu rechtwinklig) über den Postorbitalpfeiler voır. Die innere und hintere Wand der Supratemporalgruben scheint steil abgefallen zu ssein und war von ihrem oberen Rand merklich überragt. Das Frontale ist verhältnismäßigg länger als bei *Cr. vulgaris*, sein Hauptteil (ohne vorderen Fortsatz) war vorn am schmalsten. Die Skulptur besteht aus stark ausgeprägten, dicht gestellten, auf dem Frontaale und dem Parietale feineren und auf dem Postfrontale und Squamosum größeren Runzzeln.

Maße.

Breite der Naht des Frontale mit dem Parietale	30 mm
Größte Breite des Frontale	43 „
Vordere Breite des Frontale	25 „
Länge des Frontale ohne Fortsatz	50 „
Ungefähre Länge der Supratemporalgruben .	34 „
Breite derselben	20 „
Geringste Breite des Parietale zwischen ihnen .	13 „

Obwohl der fossile Rest sich mit keiner der bis jetzt beschriebenen Arten identifizieren läßt, erscheint er mir doch zu unbedeutend, um eine neue Art auf ihn basieren zu können.

Fragment eines Dentale einer Crocodilus-Art. Es handelt sich hier um ein Stück, das vom achten bis zum fünfzehnten Zahn reicht. Seine Höhe ist beim elften Zahn beträchtlich. Zwischen dem achten und dem neunten Zahn befindet sich an seiner Außenseite eine sehr deutliche Aushöhlung in Dreiecksform. Derartige Aushöhlungen lassen sich auch vielfach bei rezenten Crocodilus-Arten feststellen und sind offenbar durch eine starke Entwicklung des fünften Zahnes der Maxilla bedingt. Die Skulptur ist bei diesem Rest ziemlich schwach.

Angulare einer Crocodilus-Art. Die äußerste Vorderspitze und ein größerer Teil des hinteren Endes sind weggebrochen. Die Hohlkehle des hinteren unskulptierten Teiles ist stark ausgeprägt. Die Skulptur ist ziemlich kräftig und besteht aus Runzeln und Gruben.

Wirbelreste. Die meisten sind so schlecht erhalten, daß eine Besprechung derselben nicht lohnt. Ich möchte daher nur folgende erwähnen:

Stark abgerolltes Fragment eines Epistropheus. Es ist nur der Processus odontoideus und ein kleines Stück des Wirbelkörpers erhalten. Der Processus odontoideus ist etwas kräftiger entwickelt als es bei den rezenten Crocodilus-Arten und bei *Tomistoma schlegeli* der Fall zu sein pflegt. Seine seitlichen Protuberanzen, besonders die untere, springen stärker vor, sind etwas dicker und die Furche zwischen ihnen ist breiter und tiefer als bei den rezenten Arten. Doch sind die Unterschiede nicht sehr bedeutend.

Fünfter Dorsalwirbel. Der Wirbel ist zweifellos der einer Crocodilus-Art, denn die Haemapophyse sitzt der vorderen Hälfte der Wirbelunterseite auf, ist schräg nach vorn gerichtet und reicht bis zum Vorderrand des Wirbels. Bei Tomistoma sitzt bei dem gleichen Wirbel die Haemapophyse etwa in der Mitte der Unterseite des eigentlichen Wirbelkörpers und ist direkt nach unten gerichtet. Bei dem vorliegenden Wirbel sind die Neurapophyse und die linke Diapophyse fast ganz, die rechte Diapophyse aber zum größten Teil weggebrochen. Der Wirbel erinnert im allgemeinen sehr an den eines *Cr. niloticus*, nur scheint die Gelenkfläche für das Capitulum der Dorsalrippe an der Unterseite der Diapophyse weiter nach vorn gerückt zu sein, da sie auch an dem längeren, rechten Diapophysenrest nicht mehr zu sehen ist.

Maße.

Länge des Wirbels einschließlich des Gelenkcondylus 48 mm
Länge des Wirbels ohne Gelenkcondylus . . . . 35 „
Länge der Facette der Praezygapophyse . . . . 21 „
Breite derselben . . . . 14 mm
Länge der Facette der Postzygapophyse . . . . 21 „
Breite derselben . . . . 11 „
Höhe der vorderen Gelenkfläche . . . . . . 32 „
Breite derselben . . . . 32 „

Femurfragmente eines Crocodiliden. Von denen anderer Crocodilier in nichts unterschieden.

Rückenpanzerschilder, vielleicht von Tomistoma. Wie bei *T. africanum* sind diese Schilder kiellos und vorn mit einer langgestreckten, die ganze Vorderseite einnehmenden Gelenkfacette versehen. Die Skulptur besteht aus größeren, durch scharfe Grate getrennten Gruben.

Rückenpanzerschilder einer Crocodilus-Art. Die Schilder sind mit Längsgruben skulptiert und mit einem mäßig hohen Kiel versehen.

Isolierte Schilder mit sehr starkem Kiel, wahrscheinlich von der Seitenzone. Es ist nicht festzustellen, ob sie einer Tomistoma- oder einer Crocodilus-Art angehörten.

Dritter Metatarsalknochen der linken Hinterextremität. Proximales Ende sehr stark verbreitert und abgeplattet, sonst nichts auffallendes.

Zähne von *Euthecodon nitriae Fourteau?* Sehr ähnlich den Zähnen eines mittelgroßen *T. schlegeli.* Die Zähne sind schlank, ihre Seitenkanten scharf und die Skulptur besteht aus Längsrillen, die in verschiedener Stärke ausgeprägt sind. Auf die Form und die Skulptur der Zähne ist kein übergroßes Gewicht zu legen, da sie je nach dem Alter der Tiere verschieden aussehen. Bei jüngeren Exemplaren sind sie schlanker und stärker skulptiert wie bei alten und besonders bei ganz alten. Bei einem riesigen Exemplar von *T. schlegeli* der Münchener Zoologischen Staatssammlung erinnern die Zähne sogar schon ziemlich stark an eine Crocodilus-Art. Die noch unter, bezw. in den alten Zähnen steckenden Ersatzzähne sind meist stärker skulptiert als die ersteren. Da sich auch solche Ersatzzähne frei im Gestein finden können, ist große Vorsicht in der Beurteilung solcher Zähne lediglich nach Form und Skulptur am Platz. Auch hier muß damit gerechnet werden, daß die Zähne einer Tomistoma-Art angehörten.

Zusammenstellung der bis jetzt beschriebenen fossilen Tomistoma-Arten.

Bei dieser Aufstellung möchte ich von einer systematischen Würdigung des *Crocodilus macrorhynchus Blainv.* (Osteographie, Atlas, T. III. 1839—64) aus der oberen Kreide des Mont Aimé absehen, da mir dessen systematische Stellung noch nicht genügend geklärt erscheint, und mich nur auf die Formen des Tertiärs beschränken. Sie sollen in aller Kürze charakterisiert und mit dem rezenten *T. schlegeli* verglichen werden.

Tomistoma cairense nov. spec.

Unterer (weißer) Mokattam bei Kairo. Mittel-Eocaen (Lutetien). Typus: Nahezu vollständig erhaltener Schädel ohne Unterkiefer. Ferner noch unvollständigere Schädelreste. Siehe oben Seite 6.

Da bei keinem der von mir untersuchten Exemplare das Rostrum in toto erhalten ist, ist seine relative Länge nur mehr annähernd abzuschätzen. *T. cairense* war aber offenbar nicht lang- bezw. schmalschnauziger als ein etwa zu $^3/_4$ erwachsenes Exemplar von *T. schlegeli*. Das Cranialsegment erscheint bei ihm verhältnismäßig größer als bei der rezenten Form, sein Hinterrand ist kaum breiter als sein vorderer. Die Supratemporalgruben sind bei ihm fast kreisrund, aber nur wenig größer wie bei der rezenten Art. Dagegen ist die Hinterhauptsfläche wesentlich niedriger und überhaupt der ganze Schädel flacher wie bei dieser. Der Gesichtsteil ist kürzer, aber die Form und Stellung der Orbitae ist annähernd die gleiche, wenn schon ihre Längsachsen miteinander einen etwas stumpferen Winkel bilden, wie bei *T. schlegeli*. Ein wesentlicher Unterschied von letzterem besteht ferner darin, daß bei ihm das Interorbitalspatium konkav und die Augenränder aufgewulstet sind. Die Aufwulstung des äußeren Augenrandes erfolgt durch eine cristenartige Erhöhung des vorderen Teiles des Jugale, doch ist dieselbe lange nicht so bedeutend wie bei Gavialis; auch fällt die Crista hinten nicht plötzlich ab, wie bei diesem, sondern verläuft ganz allmählich. Die Hinterhauptsflügel sind länger und stärker nach auswärts gerichtet. Das Rostrum ist stärker abgeflacht und in der Gegend des fünften Maxillarzahnes nicht verbreitert. Dagegen erfolgt vor dem ersten Maxillarzahn eine plötzliche, wenn auch nur mäßig starke Einschnürung, sodaß die etwas stärker wie bei *T. schlegeli* ausgeprägte löffelartige Verbreiterung der Praemaxillen noch stärker zum Ausdruck kommt. Die Nasalia reichen bei dieser Art weit nach vorn (bis vor den ersten Maxillarzahn) und greifen zwischen die hinteren Praemaxillarfortsätze kräftig ein. Bei *T. schlegeli* reichen sie nur bis zum vierten Zahn der Maxilla und berühren ziemlich knapp die eng aneinanderliegenden Praemaxillar-Fortsätze. Ich möchte auf diesen Umstand noch besonders hinweisen, weil er dazu benutzt werden kann, die beiden gleichalterigen und auch an nahe beieinander liegenden Orten gefundenen Formen *T. champsoides Owen* und *T. gaudense Hulke* auseinander zu halten. Die Apertura nasalis hat bei *T. cairense* eine mehr runde Form. Auf der Schädelunterseite sind die Palatina und die Palatingruben denen der rezenten Art sehr ähnlich. Der Symphysenteil der Mandibel ist etwas schlanker.

Im allgemeinen ist also *T. cairense* weniger spezialisiert als *T. africanum*, *T. gavialoides* und *T. eggenburgense*. In der Art, wie die Nasalia sich von hinten zwischen die facialen Fortsätze der Praemaxillen einschieben, erinnert es sogar an die langschnauzigen *Crocodilus*-Arten, *Cr. intermedius* und *Cr. cataphractus*, besonders an letzteres.

Tomistoma kerunense Andrews.

Tomistoma kerunense, C. W. Andrews, Geol. Mag. (5) Vol. II, p. 484, 1905 Birket el Qerun-Stufe, Ober-Eocaen. (Unvollständiges Rostrum ohne Praemaxillen.)
Tomistoma kerunense, C. W. Andrews, A. descript. Catalogue of the Tert. Vertebr. of the Fajûm, Egypt. p. 274, 1906.

Über diese Form läßt sich kaum etwas Positives sagen, da die von ihr erhaltenen Reste denn doch zu unbedeutend sind.

Tomistoma africanum Andrews.

Tomistoma africanum, C. W. Andrews, Geol. Mag. (4) Vol. VIII, p. 433, 1901.
Tomistoma africanum, C. W. Andrews, A descript. Catalogue of the Tert. Vertebr. of the Fajûm, Egypt. p. 270, Pl. XXIII, figs. 1 und 2, Text-figs. 86, 1906. Qasr es Sagha-Stufe, Ober-Eocaen (Bartonien). (Mandibel (Typus), Schnauzenfragment und zahlreiche Skelettreste).
Siehe oben Seite 16.

Die mir vorliegenden Schädel dieser Art besitzen sämtlich riesige Ausmaße. Besonders gilt dies von dem im Senckenbergischen Museum befindlichen Exemplar, das nicht nur das besterhaltenste, sondern auch das größte Stück ist und mit der respektablen Länge von 96 cm (vom Condylus occipitalis bis zur Schnauzenspitze gemessen) sogar noch unseren größten Schädel von *T. schlegeli* — wohl das größte bis jetzt bekannte Exemplar — noch um 14 cm übertrifft. Bei dem Frankfurter Schädel sind wir insofern in einer günstigen Lage, als wir infolge der starken Entwicklung der Bullae mit ziemlicher Sicherheit sagen können, daß wir es mit einem alten Exemplar zu tun haben. Auch dürfte dies einer der wenigen Fälle sein, wo man von einem fossilen Krokodil behaupten kann, daß es ein Männchen war. Wenn wir das Frankfurter Exemplar von *T. africanum* mit unserem größten Schädel von *T. schlegeli* vergleichen, finden wir recht erhebliche Unterschiede. Die Hinterhauptsflügel sind bei der fossilen Form etwas länger, die Cranialtafel im Verhältnis zu dem auffallend kurzen Gesichtsteil größer, die bedeutend größeren Supratemporalgruben nicht in die Länge gezogen, sondern querverbreitert, die Orbitae ausgesprochen quergestellt und die Schnauze bedeutend länger und vor allem schlanker. Die Einschnürung vor dem ersten Zahn der Maxilla ist beträchtlicher und die Praemaxillargegend ist stärker löffelförmig verbreitert. Fünf Praemaxillarzähne. Der ganze Schädel etwas flacher wie bei der rezenten Art. Außerordentlich interessant ist die gavialähnliche Ausbildung der Bullae pterygoideae, die bei *T. schlegeli* nur relativ schwach entwickelt und völlig verschieden in der Form sind. Der merkwürdige muschelartige Schnauzenaufsatz, der der Nasalöffnung des männlichen Gavials aufsitzt, scheint dagegen *T. africanum* gefehlt zu haben; jedenfalls läßt die herzförmige, der der rezenten Art sehr ähnliche Nasalapertur nicht darauf schließen, daß sie einen solchen trug. 21 Zähne im Oberkiefer und 20 im Unterkiefer. Palatina und Palatingruben denen von *T. schlegeli* sehr ähnlich. Die Mandibel und besonders ihr Symphysenteil sind schlanker als bei *T. schlegeli*. Bedauerlicherweise läßt sich bei sämtlichen mir vorliegenden Resten nicht mehr feststellen, in welcher Weise sich die Nasalia mit den Praemaxillen vereinigten.

T. africanum erscheint infolge seiner extrem verlängerten Schnauze der ganz quergestellten Orbitae und der sehr großen Supratemporalgruben, sowie endlich infolge der Ausbildung der Bullae pterygoideae stärker spezialisiert wie *T. cairense*.

Tomistoma gavialoides Andrews.

Tomistoma gavialoides, C. W. Andrews, Geol. Mag. (5), Vol. II, p. 483, 1905.
Tomistoma gavialoides, C. W. Andrews, A descript. Catalogue of the Tert. Vert. of the Fajûm, Egypt.,
p. 267. Pl. XXIII, fiigs. 3 und 3a, 1906.   Gebel el Qatrani-Stufe, Unter-Oligocaen (Lattorfien).
Nahezu vollständiger Schädel ohne Unterkiefer (Typus), ferner Schädel und Skelettreste.
Siehe oben Seite 50.

Diese Form unterscheidet sich von *T. schlegeli* durch das große, stark querverbreiterte
und nach vorn zu sich nur wenig verschmälernde Cranialsegment, die großen nahezu
runden Supratemporalgruben, die quergestellten mehr rundlichen Orbitae, deren Längsdurchmesser mit einander einen stumpfen Winkel bilden, und durch den Umstand, daß
sich das Rostrum anfänglich rasch und dann nur mehr unmerklich verschmälert. Auffallend ist ferner die Verschiedenheit der Postorbitalpfeiler, die infolge ihrer seitlichen
Kompression und des vorspringenden Ecks, das sie an ihrer Vorderfläche bilden, tatsächlich etwas an Gavialis erinnern. Die hinteren Fortsätze der Praemaxillen sind stark nach
hinten ausgezogen und die Nasalia greifen tief zwischen sie ein; die Berührung von Nasalien und Praemaxillen ist also eine sehr intensive. Die Praemaxillen sind hinten nur
unbedeutend halsartig eingeschnürt und vorn nicht stark verbreitert. Das ganze Rostrum
ist stark abgeplattet. 5 Praemaxillarzähne. 17 Zähne im Oberkiefer, 21 im Unterkiefer.
Die Symphyse des Unterkiefers ist bei dieser Art stark abgeplattet mit schräg nach unten
abfallendem Alveolarrand, ihr löffelartig verbreitertes Ende ist von dem übrigen Symphysenteil durch eine halsartige Einschnürung getrennt.

Auch *T. gavialoides* gehört zu den mehr spezialisierten Tomistomaformen, wenn
schon die Spezialisierung in einer anderen Richtung erfolgte wie bei *T. africanum*. Gewisse Ähnlichkeiten mit Gavialis sind sicherlich vorhanden; ich möchte aber bezweifeln,
daß sich dieselben phyletisch verwerten lassen. Es ist möglich, vielleicht sogar wahrscheinlich, daß sich die Gattungen Tomistoma und Gavialis letzten Endes auf eine gemeinsame Stammform zurückführen lassen und ich halte es daher auch nicht für allzu
verwunderlich, wenn sich einmal ein nebensächlicheres Merkmal der einen Reihe zufällig
auch einmal bei dem einen oder anderen Repräsentanten der anderen Reihe findet. Äußere
Einflüsse allein genügen nicht, um die Entstehung zweier divergierender Reihen zu ver-
anlassen; die Fähigkeit, die charakteristischen Merkmale beider Reihen auszubilden, muß
schon bei der Stammform vorhanden gewesen sein. Warum soll also ein Merkmal einer
dieser Reihen nicht auch bei der anderen latent vorhanden sein und gelegentlich in Erscheinung treten?

Tomistoma tenuirostre nov. spec.

Gebel el Qatrani-Stufe, Unter-Oligocaen (Lattorfien).   (Eine Symphyse (Typus) und ein Stück einer
Symphyse). Siehe oben Seite 55.

Zum ersten Mal treten in der Qatrani-Stufe zwei wohl von einander unterschiedene
Tomistoma-Arten auf. Leider ist die neu beschriebene Form nur sehr unvollständig bekannt, indes ist der in zwei Exemplaren erhaltene Symphysenteil so charakteristisch gestaltet, daß er den Typus einer neuen Art abgeben konnte. Sowohl von dem gleichalterigen *T. gavialoides* als auch von dem älteren *T. africanum* unterscheidet er sich durch
seine auffallende Länge und Schlankheit. Die Symphyse beginnt bei *T. africanum* in der

Gegend des vierzehnten Mandibularzahnes (von vorn gerechnet), bei *T. gavialoides* in der Gegend des sechzehnten und bei *T. tenuirostre* in der des neunzehnten Zahnes. Die Spitze der Splenialia reicht bis zum Hinterrand der Alveolen des elften bezw. dreizehnten Zahn paares. Zwischen dem dritten und vierten, sowie zwischen dem fünften und sechsten Zahnpaar ist die Symphyse eingeschnürt; die vorderste Einschnürung ist die stärkere. Der vor dieser letzteren gelegene Spitzenteil der Symphyse ist löffelförmig verbreitert und vorn in der Mitte eingekerbt. Die Außenränder der Zahnalveolen springen seitlich ziem- lich stark über den Außenrand der Symphyse vor. Die Zähne waren anscheinend nur wenig nach außen, dafür aber deutlich nach vorn gerichtet. Sie nehmen von vorn nach hinten an Größe ab. Eine Differenzierung der Zähne läßt sich insofern feststellen, als das erste und vierte bedeutend und das zweite und sechste Zahnpaar immerhin noch merklich ihre Nachbarn an Größe übertreffen.

Es folgen nun fünf gleichalterige Formen, deren Zahl aber vielleicht reduziert werde n muß, wenn einmal vollständigere Reste von ihnen bekannt werden. Es sind dies *T. Dowsoni Fourteau* aus dem oberen Unter-Miocaen Ägyptens (Moghara und Uadi Faregh), das gleichalterige *T. champsoides Owen* von Malta, *T. gaudensi Hulke* von der Insel Gozzo bei Malta, *T. calaritanum Capellini* aus dem Kalk von Cagliari auf Sardinien und endlich *T. eggenburgense Toula* und *Kail* aus den Sanden des Kalvarienberges bei Eggenburg in Nieder-Österreich. Sämtliche Arten gehören dem Burdigalien an.

Tomistoma dowsoni Fourt.

Tomistoma dowsoni, R. Fourteau, Contribution à l'etude des Vertébrés miocènes de l'Egypte, Cairo 1920, p. 22 ff., figs. 17 u. 18. Unter-Miocaen (Burdigalien) von Moghara. (Zahlreiche Rostra und Symphysen). Uadi Faregh, Unter-Miocaen (Burdigalien). Siehe oben Seite 67.

Das Rostrum ähnelt sehr dem des gleichalterigen *T. champsoides Owen*, aber auch dem von *T. calaritanum Capellini*. Bei *T. champsoides* setzt sich allerdings die Maxilla stärker gegen den „Hals" der Praemaxilla ab. Es ist hier aber zu bedenken, daß *T. champsoides* auf ein Schnauzenfragment von beträchtlicher Größe begründet ist, während die von Fourteau beschriebenen Reste von *T. dowsoni* von Exemplaren herrührten „dont la taille ne depassait pas 3 m 50 cm et restait généralement au dessous de 3 mètres". Die Art, wie die Nasalia von hinten zwischen die Fortsätze der Praemaxillen eingreifen, ist bei *T. dowsoni* gänzlich verschiieden von *T. schlegeli*, aber nahezu identisch mit *Tomistoma champsoides* und *T. calarittanum*. Das Rostrum ist lang und schlank, aber nicht länger und schlanker als bei einem $^3/_4$ erwachsenen *T. schlegeli* und auch nicht schlanker als bei *T. calaritanum*. Da von *T. champsoides* nur die Schnauzenspitze erhalten ist, läßt sich hier weiter nichts aussagen.

Falls der von mir beschriebene Rest eines Schädeldaches tatsächlich zu dieser Art gehört, ist noch folgendes beizufügen: Die Orbitae waren wahrscheinlich langgestreckt, die Supratemporalgruben waren groß; ihre Form ist nicht mehr mit voller Sicherheit zu ermitteln, doch scheinen sie sich der Kreisform zwar genähert, sie aber nicht völlig er- reicht zu haben. Der Hinterrand des Parietale sprang winklig nach hinten vor, an Stelle der Winkelspitze ist der obere Teil des Supraoccipitale eingekeilt. Zwischen den Supra- temporalgruben ist das Parietale schmal.

Tomistoma calaritanum Capellini.

G. Capellini, Atti R. Acad. Linc. (4) Mem. Vol. VI, p. 507, T. Kalke von Cagliari, Sardinien, Unter-Miocaen (Burdigalien). (Vollständiger Schädel).

Das Cranialsegment ist bei dieser Art mäßig groß und vorn fast so breit wie hinten, die Supratemporalgruben sind rund, aber nicht besonders groß. Die Orbitae waren quergestellt und nicht lang ausgezogen, wie bei *T. schlegeli*, sondern verrundet wie bei *Tomistoma africanum* und *gavialoides*, ihre Längsdurchmesser bilden zusammen einen rechten Winkel. Die Schnauze verschmälert sich allmählich und die Maxillen sind vor dem ersten Maxillarzahn nicht plötzlich gegen den „Hals" der Praemaxillen abgesetzt. Auch war der Maxillarteil nicht nennenswert löffelförmig verbreitert. Die Nasalapertur ist oval, vorn und hinten nahezu gleichbreit und vor allem sehr groß. Hierdurch unterscheidet sich *T. calaritanum* nicht nur von *T. schlegeli*, sondern auch von den gleichalterigen *T. champsoides* und *T. dowsoni*. Eine nennenswerte Verbreiterung des Rostrums beim fünften Maxillarzahn ist nicht wahrzunehmen. Die Nasalia reichen bis vor den ersten Maxillarzahn und greifen von hinten tief zwischen die hinteren Fortsätze der Praemaxillen ein. Die Mandibel ist sehr ähnlich der von *T. schlegeli* und vorn nur wenig verbreitert. Fünf Praemaxillarzähne, vierzehn Maxillarzähne und siebzehn Mandibularzähne.

Wegen der verschiedenen Form der Nasalapertur möchte ich *T. calaritanum* für eine von *T. champsoides* und *T. dowsoni* spezifisch verschiedene Form halten, während ich bezüglich dieser beiden letzteren im Zweifel bin, ob sie wirklich besondere Arten darstellen. Klarheit in dieser Frage wird aber erst die Auffindung vollständigerer Reste bringen.

Tomistoma champsoides (Owen) Lyd.

Melitosaurus champsoides Owen (Musealname).

Tomistoma champsoides, R. Lydekker, Quart. Journ. Geol. Soc., Vol. XLII, p. 21, Pl. II, 1886. Untermiocaen (Burdigalien) von Malta. Vorderteil einer Schnauze (Ober- und Unterkiefer),

Schnauze vor dem ersten Maxillarzahn plötzlich verschmälert, die Praemaxillen indes nicht stark löffelartig verbreitert. Die Nasalia reichem nach vorn bis zum ersten Zahn der Maxilla und greifen von hinten weit zwischen die hinteren Fortsätze der Praemaxillen ein. Fünf Praemaxillarzähne.

Tomistoma gaudense (Hulke).

Crocodilus gaudensis, I. W. Hulke, Quart. Journ. Geol. Soc. XXVII, p. 30. 1871. Unter-Miocaen (Burdigalien) der Insel Gozzo bei Malta. (Ziemlich vollständiger Schädel).

Das Cranialsegment ist breiter als lang und hinten nur wenig breiter als vorn. Die Supratemporalgruben sind sehr groß, winklig fünfeckig, der zwischen ihnen liegende Teil des Parietale ist sehr schmal. Das Interorbitalspatium ist querkonkav und schmal, die großen, aufwärts gerichteten Orbitae sind dreieckig, ihre Längsdurchmesser konvergieren und ihre Ränder sind aufgeworfen. Die Nasalia berühren die Praemaxillen in der Weise, wie dies bei *T. schlegeli* der Fall ist, also sie stoßem mit dem Hinterende der langgestreckten eng aneinanderliegenden hinteren Praemaxillarfortsätze zusammen, schieben sich aber nicht tief zwischen dieselben ein. Gerade über diesen Punkt drückt sich Hulke sehr klar aus, indem er schreibt: „For some distance above and below this spot (Be-

78

rührungspunkt der Nasalia und Praemaxillen) the widths of the nasals and the ascending slips of the praemaxillae are so completely equal that the junction of the two paires of bones is inconspicuous and may easily be overlooked." Es erscheint mir daher völlig ausgeschlossen, *T. champsoides Owen* und *T. gaudense Hulke* mit einander zu vereinigen. Die Palatingruben sind lang und schmal. |

Tomistoma eggenburgense Toula und Kail.

Gavialosuchus eggenburgensis, Toula und Kail, Anzeig. k. Akad. Wiss. Wien, 1885, p. 109. Sande von Eggenburg in Nieder-Österreich. Untermiocaen (Burdigalien). *Gavialosuchus eggenburgensis*, Toula und Kail, k. Akad. d. Wissensch., math.-nat. Kl. Vol. L., Wien, 1885, pp. 229—356, T. I—III.
(Fast vollständig erhaltener Schädel ohne Unterkiefer.)

Cranialtafel nicht sehr groß aber stark querverbreitert. Supratemporalgruben ebenfalls querverbreitert, groß, eiförmig mit nach außen und hinten gerichteter Spitze. Das Parietale ist zwischen den Supratemporalgruben sehr schmal. Das Frontale ist stark konkav, die Orbitae sind stark quergestellt und vorn verrundet. Ihre Längsdurchmesser bilden zusammen annähernd einen rechten Winkel. Der Cranial-, sowie der Gesichtsteil haben also ein von *T. schlegeli* völlig abweichendes Aussehen. Hierzu kommt noch, daß der vordere Teil des Jugale cristenförmig erhöht ist. Aber auch hier endet diese Crista nicht plötzlich wie bei Gavialis, sondern hat mehr die Form eines Buckels. Die Schnauze ähnelt in der Art der Verjüngung der der rezenten Art, nur läßt sich keine Spur einer Verbreiterung in der Gegend des fünften Maxillarzahnes feststellen und sie ist vor dem ersten Maxillarzahn sehr deutlich gegen den „Hals" der Praemaxillen abgesetzt. Letztere sind vorn nur schwach verbreitert, die Nasalapertur ist groß und eiförmig. Die hinteren Fortsätze der Praemaxillen sind schlank und ziemlich lang; die Nasalia greifen von hinten her tief (ungefähr bis in die Gegend des ersten Maxillarzahnes) zwischen sie ein. Fünf Praemaxillar- und fünfzehn Maxillarzähne. Die Palatina greifen nach vorn in Gestalt eines spitzwinkligen Dreiecks zwischen die Maxillen ein. Bei *T. schlegeli* bilden sie einen stumpfen Winkel, in dessen Spitze der auf der Gaumenfläche zu Tage tretende Vomer eingekeilt ist. Die Palatingruben sind langgestreckt wie bei *T. schlegeli.*
    T. eggenburgense ist ohne Zweifel von den übrigen fossilen Tomistoma-Formen spezifisch verschieden. Infolge seiner sehr großen, das Gewicht des Schädels verringernden Supratemporalgruben erscheint es an eine aquatile Lebensweise besser angepaßt und daher auch stärker spezialisiert wie *T. schlegeli* und auch *T. calaritanum.*

Tomistoma americanum Sellards.

Tomistoma americana, E. H. Sellards, Amer. Journ. Sci. (4) Vol. XL. pp. 135—138, figs. 1 und 2, 1915;
Brewster, Polk County, Florida. Bone Valley-Formation, oberes Miocaen oder unteres Pliocaen.
(Vorderer Teil des Rostrums und ein Stück der Mandibel.)
Tomistoma americana, E. H. Sellards, Amer. Journ. Sci. (4) Vol. XLI, pp. 237—240, figs. 2 und 3, 1916.
(Unterkieferfragmente.)
Gavialosuchus americana, Ch. C. Mook, Bull. Amer. Mus. Nat. Hist., Vol. XLIV, pp. 33—42, T. VI—IX,
1921. (Fast vollständiger Schädel ohne Unterkiefer, Rostra, Symphyse.)

Der Schädel dieser Art ähnelt mehr dem einer langschnauzigen Crocodilus-Art wie *T. schlegeli.* Die Cranialtafel ist verhältnismäßig groß, bedeutend breiter als lang und viereckig. Die Supratemporalgruben sind querverbreitert, oval und schräggestellt, so daß ihre Längsdurchmesser nach vorn konvergieren. Auch die Orbitae sind stark schräg gestellt, ihre Längsdurchmesser bilden miteinander einen rechten Winkel. Ihre Vorderecken sind nicht wie bei der rezenten Art spitz ausgezogen, sondern verrundet, wie dies ja mit Ausnahme von *T. cairense* (und vielleicht auch bei *T. gaudense*) bei allen fossilen Tomistomaformen der Fall ist. Der zwischen den Supratemporalgruben gelegene Teil des Parietale ist sehr schmal, das Interorbitalspatium dagegen ist ziemlich breit. Die Schnauze weicht von der aller übrigen Tomistoma-Arten dadurch ab, daß sie sich zweimal verbreitert. Die erste Verbreiterung erfolgt kurz hinter dem ersten Maxillarzahn, die zweite kurz vor dem fünften Maxillarzahn. Diese Verbreiterungen finden wir ja auch bei manchen anderen Tomistoma - Formen, doch ist die beim fünften Maxillarzahn stets nur schwach ausgeprägt. Bei *T. americanum* ist sie aber noch auffälliger wie bei den schmalschnauzigen Crocodilus-Arten (*Cr. cataphractus*, jüngere Stücke von *Cr. intermedius*), da die Verbreiterung sich auch noch auf die Gegend des sechsten Maxillarzahns ausdehnt und dieser kaum schwächer ist als der fünfte. Die Praemaxillen sind langgestreckt mit einer kurzen halsartigen Einschnürung vor den Maxillen. Ihre schlanken hinteren Fortsätze sind nicht sehr lang, die Nasalia greifen von hinten her ziemlich tief zwischen sie ein. Die Nasalapertur ist ziemlich groß und eiförmig (Spitze nach hinten). Fünf Praemaxillar- und vierzehn Maxillarzähne. Die Palatina bilden zusammen einen spitzen Fortsatz, der nach vorn zwischen die Maxillen eingreift. Die Mandibel und die Symphyse sind ziemlich schlank. Merkwürdigerweise erscheint die von SELLARDS abgebildete Symphyse (Amer. Journ. Sci. (4) Vol. XLI, p. 239, fig. i) merklich kürzer und breiter als die Abbildung des Symphysenteils bei MOOK (l. c. Pl. VIII). Die Zahl der Mandibularzähne läßt sich nicht mehr mit Sicherheit feststellen, dürfte aber 17—18 betragen haben.

Außer den hier aufgeführten Formen finde ich in der Literatur noch die Beschreibungen einiger Zähne aus dem oberen Oligocaen von Acqui, die von ihrem Bearbeiter *T. calaritanum Capellini* zugeschrieben werden (C. del Vecchio, Atti Soc. ital. Sci. nat. Milano, Vol. LX, pp. 419—431, figs. 1—3). Ich möchte bezweifeln, daß es möglich ist, auf Grund einiger Zähne einwandfrei festzustellen, welcher Art das betreffende Tomistoma angehörte.

Gattung *Gavialis Oppel.*

Gavialis spec., R. FOURTEAU, Contribution à l'Etude des Vertébrés Miocènes de l'Egypte, p. 26, fig. 19, 1920. Unter-Miocaen (Burdigalien) von Moghara. Fragment einer Mandibel.

Aus dem Mandibel-Fragment läßt sich gerade noch ersehen, daß wir es mit einem Vertreter der Gattung Gavialis zu tun haben. Die Frage nach der Artzugehörigkeit wird erst geklärt werden können, wenn vollständigere Reste vorliegen.

Die Gattung *Euthecodon Fourteau.*

Euthecodon, R. FOURTEAU, Contribution à l'Etude des Vertébrés Miocènes de l'Egypte. Suplement, p. 116. 1920. Genotypus: *Euthecodon nitriae Fourteau.*

Schädel lang und schmalschnauzig. Die Schnauze verschmälert sich allmählich wie bei Tomistoma und nicht plötzlich wie bei Gavialis. An der Grenze der Praemaxillen und der Maxillen ist das Rostrum etwas eingeschnürt, die Praemaxillen selbst sind schwach löffelförmig verbreitert. Die Zähne sitzen nicht in Alveolen, die, wie bei den übrigen Krokodiliern, in die Kieferknochen eingesenkt sind, sondern in 10 bis 15 mm langen Knochenhülsen, die über die Kiefer emporragen. Die Hülsen der Alveolen des ersten Zahnpaares der Praemaxillen sind schnabelartig nach vorwärts und unten gebogen. Die Zähne selbst sind schlank, spitz und mit zwei seitlichen scharfen Kanten, sowie mit feinen Längsrippen versehen. Vierundzwanzig Zähne im Oberkiefer, wovon vier auf die Praemaxillen fallen. Die Nasalia sind von den Praemaxillen weit getrennt; die Orbitae sind langgestreckt, die eigentliche Cranialtafel und die Supratemporalgruben klein.

Bei dem Genotypus, *Euthecodon nitriae*, findet sich noch eine ganz eigentümliche Bildung, der FOURTEAU zwar nicht den Rang eines Gattungsmerkmals zuerkennen will, die mir aber doch zu auffallend erscheint, als daß ich annehmen kann, sie sei nur auf die eine Art beschränkt gewesen. Es ist dies eine Art von Schild, der durch eine seitliche Verbreiterung der Nasalia gebildet zu sein scheint (die Knochennähte sind leider bei dem Typus-Exemplar schlecht sichtbar). Dieser Schild, der jederseits von einer scharfen, am vorderen Augenwinkel beginnenden Horizontalkante begrenzt ist, erreicht rasch seine größte Breite und verschmälert sich darauf allmählich, um dann unmerklich in der Gegend der vorderen Spitzen der Nasalia zu enden. Nach hinten zu setzt sich dieser Schild jederseits in eine Scheibe fort, die an der Stelle, an der bei der Gattung Tomistoma die frei in der Haut der oberen Augenlider liegenden Supraorbitalbeine sich befinden, in das Lumen der Orbitae hineinragt. FOURTEAU glaubt die Gattung Euthecodon von *Tomistoma africanum* ableiten zu können, da bei diesem sich schon Anfänge einer dütenförmigen Verlängerung der Alveolarränder zeigen sollen und es auch in der Zahl der Zähne bereits nahe an die neue Gattung herankommt. Ich halte diese Argumente indes für wenig stichhaltig. Die Zahl der Zähne schwankt bei den einzelnen Tomistoma-Arten, dürfte also kaum eine phyletische Bedeutung haben und die Alveolenränder ragen bei vielen Krokodiliern etwas über die Kieferknochen hervor. Die Ähnlichkeiten zwischen *Tomistoma africanum* und *Euthecodon* sind also recht oberflächlicher Natur. Dagegen sind die Unterschiede sehr auffallende und einschneidende. Vor allem spricht die Tatsache, daß bei Euthecodon die Nasalia von den Praemaxillen weit getrennt sind, sehr gegen eine Abstammung von *T. africanum*, denn dieses Merkmal findet sich schon bei kurzschnauzigen Formen, scheint daher kein durch weitgehende Spezialisierung erworbenes zu sein. Auch liegt keine Spur eines Beweises dafür vor, daß die dütenförmige Form der Alveolen sich erst allmählich entwickelt hat. Endlich ist noch der merkwürdige Schild, der die Gegend vor den Orbiten bedeckt, eine so auffallende Erscheinung, daß sie eine Ableitung der Gattung Euthecodon von *Tomistoma africanum* meiner Ansicht nach ausschließt. Ich halte es daher für das beste, mit allen phyletischen Spekulationen so lange zu warten, bis uns weitere Funde einen Fingerzeig geben, wo die Ahnen dieser interessanten Gattung zu suchen sind.

Euthecodon spec.

Gavialidé gen. et spec. ind., R. FOURTEAU, Contribution à l'Étude des Vertébrés Miocènes de l'Égypte, p. 26, fig. 20, 1920. Unter-Miocaen (Burdigalien) von Moghara. Fragment eines Dentale.

Euthecodon nitriae Fourteau.

Euthecodon nitriae, Fourteau, Contribution à l'Étude des Vertébrés Miocènes de l'Égypte, p. 118, pl. III,
1920. Mittel-Pliocaen (Astien) des Natrontales. Gut erhaltener Schädel ohne Unterkiefer.

Die Merkmale dieser Art sind die der Gattung. Ob und in welcher Weise sich die
miocaene Form von der pliocaenen unterscheidet, können erst weitere Funde lehren.

Bei *E. nitriae* reichen die Praemaxillen bis zur Höhe des zweiten Zahnpaares der
Maxillen nach rückwärts. Die Nasalia reichen bis in die Gegend zwischen dem zwölften
und dreizehnten Zahnpaar der Maxillen.

Zusammenstellung der bis jetzt bekannten fossilen Crocodilus-Arten aus dem ägyptischen Tertiär.

Unbestimmbare Reste.

Ch. W. Andrews, A Descript. Catalogue of the Tert. Vertebr. of the Fajûm, Egypt., p. 266, 1906.
Qasr es Sagha-Stufe, Obereocaen (Bartonien). Unbedeutende Reste.

Crocodilus megarhinus Andrews.

C. W. Andrews, Geol. Mag. (5), Vol. II, p. 484, 1905. C. W. Andrews, A descript. Catalogue of the Tert.
Vertebr. of the Fajûm, Egypt., p. 364, fig. 85, 1906. Gebel el Qatrani-Stufe, Unter-Oligocaen (Lattorfien).
(Vorderer Teil einer Schnauze, vorderer Teil der Mandibel, sowie linker Mandibularramus). Siehe oben Seite 59.

Cr. megarhinus ist sehr flach- und langschnauzig. Die Entfernung vom Vorderrand
der Orbitae bis zur Schnauzenspitze beträgt ungefähr das zweieinhalbfache der Entfernung
vom Vorderrand der Orbitae bis zum Hinterrand des Cranialsegments. Dabei ist die
Schnauze nicht schlank, sondern breit, in der Gegend des fünften Maxillarzahnes stark
verbreitert und hinter dem sechsten Zahn eingebuchtet. Die Schnauze erweitert sich hinter
dieser Einschnürung etwas und bleibt dann bis in die Gegend des Vorderrandes der Orbitae annähernd gleich breit. Die Hinterhauptsflügel wenden sich nur sehr unbedeutend
nach außen. Das Cranialsegment ist auffallend klein, desgleichen die Supratemporalgruben. Die Praemaxillen sind lang und breit, die Nasalia erstrecken sich bis in die Nasalapertur. Die Palatingruben scheinen ziemlich groß gewesen zu sein. 5 Praemaxillar-
und 13 Maxillarzähne.

Crocodilus articeps Andrews.

Crocodilus articeps, C. W. Andrews, Geol. Mag. (5) Vol. II, p. 481, 1905.
Crocodilus articeps, C. W. Andrews, A descript. Catalogue of the Tert. Vert. of the Fajûm, Egypt., p. 621,
Pl. XII, 1906. Gebel el Qatrani-Stufe, Unter-Oligocaen (Lattorfien). (Schnauzen- und Gesichtsteil eines
Schädels, nahezu vollständige Mandibel, sowie Schnauzen- und Mandibelreste).

Crocodilus articeps ist ein lang- und schmalschnauziges Krokodil. Es erinnert in
der Schnauzenbreite etwa an den rezenten *Crocodilus intermedius*, nur verbreitert sich die
Schnauze in der Gegend des fünften Maxillarzahnes nicht so stark, wie bei dieser Art.
Die Verbreiterung ist auch schwächer wie bei *Crocodilus cataphractus*, das aber wesentlich

schmalschnauziger ist, wie *Crocodilus articeps*. Die Nasalia erreichen die Nasal-Apertur nicht. Die Naht zwischen den Palatinen und den Maxillen ist ähnlich wie bei *Crocodilus cataphractus*, die Naht zwischen den Maxillen und den Praemaxillen ist ganz abweichend gestaltet. Sie bildet einen spitzen nach vorn gerichteten Winkel. Die Mandibularsymphyse reicht bis zum sechsten Zahn der Mandibel.

Crocodilus lloydi Fourteau.

Crocodilus lloydi, R. Fourteau, Contribution a l'Étude des Vertébrés miocènes de l'Égypte, p. 16 ff., figs. 13—16, Cairo 1920. Unter-Miocaen (Burdigalien) von Moghara. (Unvollständiger Schädel mit Mandibel, sowie nahezu vollständiger Schädel ohne Mandibel).

Cr. lloydi ist eine kurz- und breitschnauzige Art im Gegensatz zu *Cr. megarhinus*, das als eine lang- und breitschnauzige Art bezeichnet werden kann. Der Cranialteil ist bei ihm etwa so groß wie bei einem *Cr. vulgaris*, die Supratemporalgruben mäßig groß, die Orbitae groß, langgestreckt und nicht merklich quergestellt, die Schnauze breit, flach mit starker Verbreiterung in der Gegend des fünften Maxillarzahnes. Vor der Vorderspitze der Orbitae befindet sich je eine Knochenleiste, die leicht schräg nach vorn und innen gerichtet ist; die Nasalia greifen ein wenig in die Nasalapertur ein. Der Unterkiefer ist sehr robust, die Symphyse kurz und sehr breit. Fünf Praemaxillar-, 19 Maxillar- und fünfzehn Mandibularzähne.

Unbestimmbare Reste.

E. Stromer v. Reichenbach, Zeitschr. D. geol. Ges., Bd. 54, 1902, p. 109 (briefl. Mitt.). Mittel-Pliocaen (Astien) des Natrontales. Unbedeutende Reste.

Allgemeine Schlussfolgerungen.

Aus obiger Zusammenstellung läßt sich mit Sicherheit nur eines ersehen, daß nämlich die bis jetzt beschriebenen fossilen Tomistoma-Arten sich auf keinen Fall in eine phyletische und ebensowenig in eine reine Anpassungsreihe einordnen lassen. Es finden sich ja Charaktere der einen Art auch bei einer oder mehreren anderen wieder — wie z. B. die sehr großen und eiförmigen Supratemporalgruben von *Teggenburgense* auch bei *T. americanum*, die mehr langgestreckten und nur wenig quergestellten Orbitae von *T. cairense* bei *T. schlegeli* usw. — aber es läßt sich keine kontinuierliche Aufeinanderfolge des Auftretens bestimmter Merkmale und noch viel weniger eine geradlinige, von den älteren nach den jüngeren Formen zu fortschreitende Umbildung erkennen. Es wird vielmehr, wenn ich mich so ausdrücken darf, das „Thema Tomistoma" in der verschiedensten Weise, aber ohne einen erkennbaren Plan, variiert, wobei eine Anzahl gegebener Charaktere in durchaus willkürlicher Anordnung bald bei der einen, bald bei der anderen Form wiederkehren. Die älteste Form, *T. cairense*, wurde in rein marinen Ablagerungen gefunden. Wenn ich nun auch bezweifle, daß sie ein reiner Meeresbewohner war (pelagisch dürfte sie sicher nicht gelebt haben), so muß sie doch in den Ästuarien der Flüsse und eventuell in der Uferzone des Meeres sich aufgehalten und nach Art des rezenten *Crocodilus porosus Schneid* sich des öfteren in den offenen Ozean hinausgewagt haben. Da nun bei der Gattung Tomistoma die Neigung besteht, durch Bildung großer Supratemporalgruben das Gewicht des Schädels zu verringern, so sollte man gerade bei dieser Art solche erwarten. Aber dieselben sind im Gegenteil bei ihr kaum größer, als bei dem rezenten, rein fluviatil lebenden *T. schlegeli.* Auch in Bezug auf die Form der Obitae steht diese älteste Form der rezenten am nächsten. Die in fluviomarinen Ablagerungen gefundenen *T. africanum, T. gavialoides* und *T. dowsoni* dagegen besitzen sehr große Supratemporalgruben. Trotzdem möchte ich aber die geringere oder bedeutendere Größe der Supratemporalgruben als eine Anpassungserscheinung und nicht als ein phyletisches, etwa auf eine Verwandtschaft mit Gavialis hinweisendes Merkmal betrachten.

Über die Gründe der Verlängerung der Schnauze und die Veränderungen der Form derselben sind wir ebenfalls im Unklaren. Längere Schnauzen wie die rezente Art haben eigentlich nur *T. africanum* und besonders *T. tenuirostre.* Bei *T. africanum* kann man auch mit ziemlicher Gewißheit sagen, daß auch das alte Tier nicht nur lang-, sondern auch sehr schlankschnauzig war, da die starke Entwicklung der Bullae bei dem Frankfurter Schädel immerhin auf ein sehr altes Tier schließen läßt. Nun ist es aber wiederum auffallend, daß das älteste und die jüngeren Formen der Gattung Tomistoma sich in Bezug auf Schnauzenlänge näher stehen, als die dazwischen liegenden dem rezenten. Es könnte sich ja eventuell bei weiterem Auffinden von Material von *T. kerunense* und *T. tenuirostre* herausstellen, daß sich diese Formen in eine Reihe bringen lassen, die mit *kerunense* beginnt und mit *tenuirostre* endet und bei welcher sich eine allmähliche Steigerung der Merkmale — besonders der Schnauzenverlängerung und Verschmälerung — feststellen läßt. Aber selbst wenn dies der Fall sein sollte, muß es auffallen, daß diese Reihe abreißt und wir in *T. dowsoni* wieder ein normalschnauziges Tomistoma vor uns haben. Desgleichen muß es auffallen, daß in der Qatrani-Stufe neben *T. tenuirostre,* das sich allenfalls als ein Abkömmling von *T. africanum* entpuppen könnte, eine zweite Art *T. gavialoides,* vorkommt, deren Schädel offenbar nach einem etwas anderen Typus gebaut war.

Was nun die Art und Weise anbelangt, in welcher sich die Nasalia mit den Praemaxillen vereinigen, so können wir zwei Typen unterscheiden. Einen solchen, bei welchen die Nasalia weit nach vorne reichen und sich von hinten zwischen die hinteren Fortsätze der Praemaxillen einschieben und einen anderen, bei welchem die wesentlich kürzeren Nasalia die stark verlängerten, eng aneinander anliegenden Praemaxillen gerade berühren. Zu dem letzteren Typus gehören nur das Untermiocaene *T. gaudense* und das rezente *T. schlegeli,* alle anderen aber zu dem ersteren Typus. Den Typus, dem *T. schlegeli* angehört, finden wir zum erstenmal im Untermiocaen in der Form *T. gaudense* zugleich mit einer Form, die den älteren Typus vertritt, *T. champsoides,* und es ist hier noch besonders auffällig, daß beide Typen nicht nur in der gleichen Stufe, sondern auch nahezu am gleichen Fundort vertreten waren. Warum bei den beiden Arten *T. gaudense* und *T. schlegeli* die Berührung, bezw. das Ineinandergreifen der Nasalia und Praemaxillen weniger intensiv ist, wie bei den meisten anderen Formen, ist schwer zu sagen. Mit einer stärkeren Verlängerung des Rostrums kann diese Erscheinung nicht in Zusammenhang gebracht werden, denn gerade das langschnauzige *T. africanum* gehört dem anderen Typus an. Wir sehen

84

also hier ein sprungweises Auftreten eines Charakters, für den uns eine plausible Erklärung fehlt.

Für den, der über wenig Vergleichsmaterial der rezenten Art verfügt oder gar nur auf Literaturangaben angewiesen ist, hat es den Anschein, als ob sich die fossilen Tomistoma-Arten durch den Besitz von fünf Praemaxillarzähnen von der rezenten Art unterscheiden würden. Dies ist jedoch nur bis zu einem gewissen Grade der Fall. Die jüngeren Exemplare von *T. schlegeli* besitzen alle fünf Praemaxillarzähne. Fünf junge Tiere im Besitz der Münchener Zoologischen Staatssammlung (von 40—140 cm Gesamtlänge) haben sämtlich fünf Praemaxillarzähne. Im späteren Alter verschwindet dann meistens der zweite Zahn. Allerdings nicht immer, denn zwei Schädel unserer Sammlung (Zool. Staatssamml. München, Herpet. Nr. 200/1907 und 201/1907) von etwa 58 cm Länge vom Condylus bis zur Schnauzenspitze besitzen einseitig noch fünf Praemaxillarzähne. (Zwei junge Tiere und der Schädel eines der beiden letzteren sind auf Tafel III abgebildet (siehe die Tafelerklärung!). Die Gründe des Verschwindens des zweiten Praemaxillarzahnes scheinen mechanischer Art zu sein. Bei manchen Stücken, bei welchen der zweite Praemaxillarzahn schon fehlt, läßt sich noch deutlich eine halbvernarbte Alveole erkennen. Vermutlich drückt der erste Mandibularzahn im Laufe des Größenwachstums des Individuums derart auf den zweiten Praemaxillarzahn, daß derselbe atrophiert und ausfällt. An der Praemaxille ist also keine Veränderung vor sich gegangen, wohl aber an der Mandibel — sei es, daß sie sich etwas verkürzte und auf diese Weise der erste Mandibularzahn zu nahe an den Praemaxillarzahn herantrat, sei es, daß der erste Mandibularzahn kräftiger und dicker wurde und auf diese Weise den Praemaxillarzahn verdrängte. Jedenfalls glaube ich nicht, daß nach dem oben Erwähnten der Unterschied in der Zahl der Praemaxillarzähne noch schwer ins Gewicht fallen wird.

Sehr schwierig ist die Frage, ob man sämtliche in der obigen Zusammenstellung aufgeführten Formen in eine Gattung stellen soll. Sie ist in Bezug auf die ägyptischen Tomistoma-Formen umso schwieriger, als wir hier zwar eine Reihe zeitlich aufeinanderfolgender Formen vor uns haben, dabei aber auf die merkwürdige Tatsache stoßen, daß wir sie, falls wir sie auch nur einigermaßen in nähere Beziehungen zueinander bringen wollten, ganz anders anordnen müßten, als sie die Natur selbst angeordnet hat. Dies gilt indes nicht nur von den ägyptischen, sondern auch von den übrigen Formen. Nichtsdestoweniger glaube ich mit einer einzigen Ausnahme alle in meiner Zusammenstellung aufgeführten Tomistoma-Arten für eng verwandt halten zu dürfen. Wir haben hier eben keinen Fall vor uns, in dem die Entwickelung in Form einer langsamen Anhäufung von Anpassungsmerkmalen vor sich ging, sondern in Sprüngen erfolgte. Es soll hier nicht untersucht werden, ob neue Formen lediglich durch Anpassung entstehen können. Diese Frage ist noch nicht ganz spruchreif. Jedenfalls scheinen mir aber die Tomistoma-Arten der alten Welt ein Beispiel dafür zu sein, daß Arten auch ohne erkennbare äußere Einflüsse sprungartig entstehen können.

Mook (Bull. Americ. Mus. Nat. Hist., Vol. XLIV 1921, p. 33) unterscheidet zwei Gattungen: *Gavialosuchus Toula* und *Kail* und *Tomistoma S. Müll.* In die erstere stellt er neben *G. eggenburgensis* noch das amerikanische *T. americana Sellard*, in die letztere alle übrigen Formen. Mook stellt in Form einer Tabelle eine Anzahl von Merkmalen der Arten *Gavialosuchus americana*, *Gavialosuchus eggenburgensis* *Tomistoma calaritanus*,

T. gavialoides, *T. kerunense* und *T. schlegeli* zusammen und glaubt auf diese Weise den Beweis für die Berechtigung der beiden Gattungen erbracht zu haben. Nun glaube ich aber, daß gerade aus dieser Tabelle, die übrigens nicht alle bis dahin beschriebenen Arten umfaßt und auch sonst einige Ungenauigkeiten (Zahl der Praemaxillarzähne bei *T. gavialoides*, Lage des Vorderendes der Splenialia bei *T. gavialoides* und *T. schlegeli*) enthält, durchaus nicht hervorgeht, daß die beiden Gattungen sich scharf voneinander trennen lassen, denn die aufgeführten Merkmale verteilen sich recht willkürlich über die betreffenden Arten. Ich glaube daher, daß es das Beste ist, wenn man wenigstens die altweltlichen Formen meiner Zusammenstellung in der Gattung Tomistoma unterbringt.

Ob man dies auch bezüglich *T. americana Sellards* tun soll, ist eine etwas schwierige Frage. In der Form der Schnauzenpartie ähnelt es ganz entschieden weit mehr als alle anderen Tomistoma-Formen den langschnauzigen Crocodilus-Arten, besonders *Cr. cataphractus*, in der Form und der Querstellung der Orbitae, sowie in der Größe der Schläfengruben und der dadurch mitgedingten Form und Größe des Schädeldaches dagegen wieder mehr der Mehrzahl der fossilen Tomistomaformen. Es wäre dies natürlich noch kein Hinderungsgrund, *T. americana* in der Gattung Tomistoma unterzubringen, denn die beiden Hauptmerkmale derselben, die Vereinigung der Nasalia mit den Praemaxillen und die Beteiligung der Splenialia an der Symphysenbildung finden sich ja bei dem Floria-Gavial deutlich ausgeprägt. Was mich bedenklich stimmt, ist die diskontinuierliche Verbreitung.

Das Verbreitungsgebiet der altweltlichen fossilen Tomistoma-Arten liegt ungefähr zwischen dem 8. und 32. Grad östlicher Länge und dem 28. und 49. nördlicher Breite; das der rezenten Art zwischen dem 100. und 120. Grad östlicher Länge und zwischen dem 5. Grad und dem 10. Grad nördlicher Breite. Florida liegt dagegen zwischen dem 80. und 83. Grad westlicher Länge und dem 25. und 30. nördlicher Breite. Nun ist ja auch das Verbreitungsgebiet der rezenten Art von dem der fossilen weit getrennt, doch stand der indische Ozean im Tertiär mehrfach mit dem Mittelmeer in Verbindung und es wechselten Meerestransgressionen mit Regressionen; und gerade der beginnenden Transgressionen oder die sich ihrem Ende nähernden Regressionen dürften für die Ausbreitung der Gattung Tomistoma nicht ungünstig gewesen sein, da während dieser Perioden der Meeresbedeckung die Gewässer seicht und sicher auch von zahlreichen Inseln unterbrochen waren, ihrer Überquerung daher viel geringere Hindernisse entgegensetzten als die tiefen Meere zur Zeit der des Hochstandes einer Transgression.

Ich möchte also für *T. americana* eine selbständige Entstehung für durchaus im Bereich der Wahrscheinlichkeit liegend betrachten, wie ja auch der sehr Gavialis-artige *Gryposuchus jessei Gürich* aus dem ?jüngsten Tertiär des Purus-Gebietes Amazoniens mit Gavialis nicht blutverwandt, sondern selbständig entstanden sein dürfte.

Auf das Verhältnis, in dem die Gattungen Gavialis und Tomistoma in phyletischer Hinsicht zueinander stehen, will ich hier nur in Kürze zurückkommen und mir die eingehendere Besprechung dieser recht schwierigen Frage für einen späteren Zeitpunkt vorbehalten. Nur auf einen Punkt möchte ich hier zu sprechen kommen. ANDREWS nennt den Schädel von *T. gavialoides* „intermediate between those of *Tomistoma schlegeli* and *Gharialis gangeticus*" (Descr. Cat. Tert. Vertebr. Fajûm. p. 267). Wenn hiermit gemeint sein soll, daß *T. gavialoides* phyletisch zwischen den Gattungen Gavialis und Tomistoma steht, so ist das wohl nicht richtig. Der Schädel hat wohl gewisse Ähnlichkeiten mit dem von Gavialis, aber sie können zum weitaus größten Teil als Anpassungserscheinungen erklärt werden, also als Reaktionen auf äußere Einflüsse. Selbstredend setzen aber gleichartige Reaktionen auf gleiche äußere Verhältnisse auch gleichartige Reaktionsfähigkeiten voraus und eine solche wird wohl am ehesten — wenn auch nicht ausschließlich — bei näher verwandten Formen zu erwarten sein. Ich glaube daher, daß die Gattungen Gavialis und Tomistoma letzten Endes auf eine gemeinsame Stammform zurückzuführen sein dürften, wende mich aber gegen die Ansicht, daß Gavialis aus Tomistoma entstanden ist oder umgekehrt. Mit der Frage nach dem Verwandtschaftsverhältnis von Gavialis und Tomistoma hat sich schon E. Koken (Zeitschr. d. deutsch. geol. Gesellsch. 1888, p. 759 ff.) befaßt und die Unterschiede der Schädelmerkmale der Gattungen Tomistoma und Gavialis einander gegenübergestellt. Diese Gegenüberstellung bedarf teilweise der Modifikation. Ich möchte aber noch darauf hinweisen, daß der ganze Bauplan des Schädels von Gavialis ein etwas anderer ist als der von Tomistoma. Die mehr seitliche Stellung der Orbitae, die Art, wie der Postorbitalpfeiler dem Jugale aufsitzt, das hinter ihm nicht seitlich, sondern dorsoventral komprimiert ist, die seitliche Verbreiterung des hinteren Teiles des Praefontale und besonders des Lacrimale, die Aufwulstung des letzteren, sowie die Bildung einer hohen, hinten abrupt endenden Crista auf dem vorderen Teil des Jugale, die durch eine tiefe Einkerbung von dem Lacrimalrand getrennt ist, das sind alles Merkmale, die auffallender sind als eine mehr oder weniger plötzliche Verschmälerung der Schnauze oder ein größerer oder geringerer Durchmesser der Schläfengruben. Daß letztere auch bei der Gattung Gavialis verhältnismäßig klein gewesen sein können, zeigt die Abbildung von *Charialis hysudricus Lyd.* (Lydekker, Mem. Geol. Survey of India, Palaeontologia Indica, Ser. X, Vol. III, Pl. XXXI, fig. 3). Jedenfalls muß bei phyletischen Untersuchungen streng zwischen Anpassungsmerkmalen und stammesgeschichtlich wichtigen unterschieden werden und daß dies nicht immer leicht, zuweilen sogar unmöglich ist, liegt auf der Hand. Eine weitere Frage ist die, in welchem Verhältnis die Gattungen Tomistoma und Gavialis einerseits und Crocodilus und Osteolaemus anderseits zueinander stehen und ob sich die ersteren aus einer Stammform, die den beiden ersteren nahesteht, entwickelt haben können. Boulenger (Catalogue of the Chelonians, Rhynchocephalians and Crocodiles 1889, p. 273 nimmt an, daß Tomistoma zwischen Gavialis und Crocodilus steht. Dies ist bis zu einem gewissen Grade richtig, wenn man lediglich das Verhalten der Nasalia und Praemaxillen in Betracht zieht — und auch hier ließen sich Einwände machen — die Tatsache, daß die Splenialia sich bei Gavialis und Tomistoma an der Bildung der Symphyse beteiligen, wurde aber von Boulenger völlig außer Acht gelassen. Diese Tatsache erscheint mir indes wichtig, denn sie ist nicht einfach als eine Folge der Schnauzenverlängerung zu erklären. *Cr cataphractus* und *T. schlegeli* haben annähernd gleichlange Schnauzen und dennoch beteiligen sich bei dem ersteren die Splenialia nicht an der Bildung der Symphyse, auf der anderen Seite aber kennen wir in Leidyosuchus sternbergi Gilm aus der Kreide von Wyoming (*Ceratops Beds*) einen kurzschnauzigen Krokodilier, bei welchem die Splenialia an der Bildung der Symphyse teilnehmen. Auch *Rhamphosuchus crassidens Falc. u Caut.* (Transact. Geol. Soc., Ser. 2, Vol. V, p 503, 1840) bei welchem die Splenialia ebenfalls an der Bildung der Symphyse teilnehmen, war nicht besonders langschnauzig. Daß die Verlängerung der Schnauze nicht die Ursache der Teilnahme der Splenialia an der Symphysenbildung ist, zeigt vor allem aber auch der kurzschnauzige Gavial, *Gavialis breviceps Pilgr.* (E. Pilgrim,

Mem. Geol. Surv. India, New Ser., Vol. IV, Mem. 2, p. 82, 1912) aus den Gaj-Schichten der Bugti Hills in Ost-Balutschistan. Er zeigt aber ebenso, daß die Trennung der Nasalia von den Praemaxillen ebenfalls nicht durch eine Schnauzenverlängerung hervorgerufen sein kann. Hiermit verliert die Ansicht Kokens (Zeitschr. Deutsch. Geol. Ges. 1888, p. 762), daß die Gattung *Thoracosaurus* den Ausgangspunkt für die Gattungen Tomistoma und Gavialis gebildet habe, sehr an Wahrscheinlichkeit. Es ist dies umsomehr der Fall, wenn wir noch berücksichtigen, daß gerade bei den ältesten Tomistoma-Formen die Nasalia weit nach vorn sich erstrecken und von hinten zwischen die hinteren Praemaxillarfortsätze eingreifen, wie dies etwa bei dem langschnauzigen *Cr. cataphractus* der Fall ist. Erst im Burdigalien tritt in *T. gaudense* eine Form auf, die bezüglich des Verhaltens der Nasalia und Praemaxillen dem rezenten *T. schlegeli* gleicht. Es erscheint mir nun sehr unwahrscheinlich, daß sich aus einer Form, die wie Thoracosaurus bezüglich des Verhaltens der Nasalia und Praemaxillen bis zu einem gewissen Grad als zwischen Gavialis und Tomistoma stehend bezeichnet werden kann, sich auf der einen Seite eine Reihe abgezweigt hat, die — wenigstens bei einer Anzahl ihrer Vertreter und gerade bei ihren ältesten — die Tendenz zeigt, die Nasalia zu verlängern und auf der anderen Seite eine solche, bei der das Umgekehrte der Fall ist. Auch glaube ich nicht, daß diese beiden Gattungen von den Teleosauriden abzuleiten sind. Ich teile hier die Ansicht von E. Fraas (Palaeontographica XLIX, p. 70, 1902), daß die Entwicklung der Crocodilier auf dem Lande vor sich ging und daß daher alle marinen Formen als mehr oder minder spezialisierte Formen anzusehen sind. Solche können aber nie als die Stammeltern minder spezialisierter angesehen werden.

Interessant ist es, daß in dem letzten Jahrzehnt die Gattung Gavialis auch in Afrika nachgewiesen wurde. Reste einer unbestimmbaren Gavialis-Art finden sich im Burdigalien von Moghara, Ägypten (Vergl. Fourteau, Contrib. à l'étude d. Vertébr. mioc. d. L'Egypte, p. 26) und von Boulenger wurde nachgewiesen (Comptes rend. Ac. Sci. Paris, T. 170, Nr. 16, p. 913, 1920), daß der von Joleaud beschriebene Rest eines Tomistoma aud den pliocaenen Süßwasser-Ablagerungen des Tales von Omo (nördlich des Rudolph-Sees in Äthiopien) wahrscheinlich mit *Gavialis gangeticus* identisch ist. Bisher kannte man die Gattung *Gavialis fossil* nur aus den Gaj-Schichten (etwa gleich alt wie das Burdigalien) Balutschistans, den Siwalik-Schichten Ost-Indiens und den Pithecanthropus-Schichten Javas. Sieben Gavialis-Arten wurden fossil gefunden: *Gavialis breviceps Pilgr.*, *Gavialis hysudricus Lyd.*, *G. curvirostris Lyd.*, *G. leptodus Falc. u. Caut.*, *G. pachyrhynchus Lyd.*, *G. bengawanicus Dub.*, sowie der heute noch lebende *G. gangeticus*. Die rezente Art lebt in den Stromgebieten des Indus, Ganges und des Brahmaputra, sowie in den Flüssen Mahanuddy und Kuladan (Aracan).

Interessant ist es, daß das älteste Tomistoma in Ägypten gefunden wurde und daß die Gattung Gavialis nahezu gleichzeitig (Burdigalien) in Ägypten und Balutschistan auftaucht. Es wäre natürlich verfrüht, wollte man aus der Tatsache, daß nach dem heutigen Stand unserer Kenntnis Ägypten die ältesten Tomistoma-Formen besitzt, schließen zu wollen, daß die Gattung sich dort entwickelt habe. Immerhin aber glaube ich, daß sie südlich des Mittelmeeres entstanden und nicht von Europa nach Afrika eingewandert ist. (Vergl. auch: E. Stromer, Zeit. Deutsch. Geol. Ges. Bd. 68, 1916, p. 413).

Was die Crocodilus-Arten anbelangt, so ist außer *Cr. articeps* bisher noch keine weitere langschnauzige fossile Crocodilus-Art in Ägypten gefunden worden. Das rezente

Cr. cataphractus als einen Abkömmling dieser Form anzusprechen, wäre weiter nichts als eine unbewiesene Behauptung, die richtig, aber auch falsch sein kann.

Crocodilus lloydi hat zwar manche Ähnlichkeiten in der Schnauzenform mit *Cr. megarhinus*, aber auch hier möchte ich mich auf keine phyletische Spekulationen einlassen. *Cr. lloydi* ist viel kurzschnauziger als *Cr. megarhinus*, die Praemaxillen sind bei ihm weniger langgestreckt und die Schnauze scheint weniger flach gewesen zu sein; ferner sind die Orbitae länglicher und das Interorbitalspatium ist breiter wie bei *Cr. megarhinus*. Da sowohl aus dem Obereocaen (Qasr es Sagha-Stufe) als auch aus dem Mittel-Pliocaen des Uadi Natrun fossile, wenn auch nur unbestimmbare Crocodilusreste bekannt sind, ist zu erwarten, daß vollständigere Funde unsere Kenntnis der Crocodilus-Arten des ägyptischen Tetiärs noch wesentlich erweitern werden. Gegenwärtig leben in Afrika nur noch drei Crocodilier, die sich auf zwei Gattungen verteilen: das über das ganze tropische Afrika verbreitete Nilkrokodil (*Cr. vulgaris Cuv.*), sowie die beiden mehr westafrikanischen *Cr. cataphractus* und *Osteolaemus teraspis Cope*, die aber im Kongo-Gebiet weit nach Osten vordringen. Die Artberechtigung des kürzlich von K. P. Schmidt beschriebenen *Osteoblepharon osborni* wird neuerdings angezweifelt. Die Gattung Tomistoma ist aus Afrika vollständig verschwunden, obwohl sie sich vom Mittel-Eocaen bis zum Unter-Miocaen in Ägypten erhalten hat. Das gleiche gilt für Gavialis, der allerdings nur aus dem Untermiocaen Ägyptens und dem Pliocaen Äthiopiens bekannt ist.

Auffallend ist es, daß nach dem heutigen Stand unseres Wissens aus jeder Stufe des ägyptischen Tertiärs eine andere Tomistoma und Crocodilus-Art (aus der Qatrani-Stufe sogar zwei Tomistoma- und zwei Crocodilus-Arten) bekannt ist; die tertiären Crocodilier-Arten Ägyptens sind also kurzlebig, während wir von *Gavialis gangeticus* — wie oben schon erwähnt — wissen, daß er sich vom Pliocaen bis in die Gegenwart erhalten hat. Auch *Crocodilos siamensis Schneid*, ist eine verhältnismäßig langlebige Art, da sie sich vom Dilurium (eventuell sogar oberen Pliocaen) bis jetzt erhalten hat (vergl. Palaeontologia hungarica Vol. I, 1921—1923, p. 107—122).

Außerordentlich merkwürdig ist das unvermittelte Auftreten einer so auffallenden Gattung wie Euthecodon im Miocaen. Da über dieselbe gelegentlich ihrer Besprechung auf Seite 80 schon alles nötige gesagt wurde, möchte ich, um Wiederholungen zu vermeiden, hierauf verweisen.

Maßtabelle für Gavialis gangeticus (Gmel.)

(in Millimeter.)

	♂ 28/1912	♂ 2528/0	♂ 2529/0	♀ 29/1912	juv. 521/1911
Vom Condylus occipitalis bis zur Schnauzenspitze	795	800	675	581	415
Vom Hinterrand des Supraoccipitale bis zur Schnauzenspitze . .	750	773	650	545	400
Von der Außenecke des Condylus maxillaris bis zur Schnauzenspitze	810	810	687	575	420
Länge des Schädeldachs	128	131	107	83	60
Vordere Breite des Schädeldachs	193	224	172	130	90
Hintere Breite des Schädeldachs	220	241	180	136	90
Längsdurchmesser der Supratemporalgruben	75	71	62	45	29
Querdurchmesser der Supratemporalgruben	77	85	68	44	29
Breite der schmalsten Stelle des Parietale	25	29	20	18	12
Abstand der vorderen Außenecke des Postfrontale vom Vorderrand der Orbita	66	65	55	45	31
Längsdurchmesser der Orbita	68	65	57	45	35
Querdurchmesser der Orbita	69	74	57	42	33
Geringste Breite des Interorbitalspatiums	75	100	77	52	35
Abstand der Vorderecken der Orbitae voneinander . . .	154	164	140	99	70
Höhe des Postorbitalpfeilers	57	62	49	33	26
Längsdurchmesser des Foramen postorbitale	72	75	56	48	30
Höhendurchmesser des Foramen postorbitale	47	53	42	32	22
Abstand einer Hinterecke des Schädeldachs von der Außenecke des Occipitale laterale der gleichen Seite	57	65	55	37	28
Abstand einer Hinterecke des Schädeldachs von der Außenecke des Condylus maxillaris der gleichen Seite	94	94	80	58	40
Breite des Condylus maxillaris	52	57	44	34	21
Höhe des Hinterhauptes (von dem Oberrand des Squamosum bis zum Unterrand des Occipitale lat.)	67	79	63	48	31
Länge des Condylus occipitalis	35	38	29	18	20
Höhe des Condylus occipitalis	43	43	34	24	18
Breite des Condylus occipitalis	48	45	40	28	19
Größte Breite des Basioccipitale (unterhalb des Condylus) . .	82	79	66	56	35
Geringste Höhe des Jugale	15	13	11	10	6
Abstand der Außenecken der Condyli maxillaris voneinander .	305	310	240	189	126
Größte Schädelbreite in der Region der Postorbitalpfeiler .	251	269	204	153	99
Schädelbreite in der Region der Vorderecken der Orbitae .	180	195	162	99	73
Entfernung von der Vorderecke einer Orbita bis zur Schnauzenspitze	580	577	495	420	310
Schnauzenbreite in der Gegend des zehnten Zahnes der Maxillae .	86	86	55	39	25
Schnauzenbreite in der Gegend des fünften Zahnes der Maxillae .	85	82	54	37	23
Schnauzenbreite in der Gegend des ersten Zahnes der Maxillae .	83	79	53	38	24
Abstand des ersten Zahnes der Maxillae von der Schnauzenspitze .	122	130	95	78	52
Breite der Praemaxillen kurz vor dem ersten Maxillarzahn .	75	71	49	33	22
Breite der Praemaxillen in der Gegend des dritten Praemaxillarzahnes	113	112	79	54	36
Längsdurchmesser der Nasalapertur	42	56	40	29	17
Querdurchmesser der Nasalapertur	45	67	38	18	12
Längsdurchmesser der Choanen	21	17	15	16	7
Querdurchmesser der Choanen	33	35	25	22	15
Längsdurchmesser der Palatingruben	107	100	87	82	51
Querdurchmesser der Palatingruben	57	59	45	36	23

	♂ 28/1912	♂ 2525|0	♂ 2526|0	♀ 29/1912	juv. 521/1911
Breite der Palatina (an der schmalsten Stelle)	33	38	30	23	15
Länge der Unterkiefersymphyse	518	510	430	370	275
Länge eines Unterkieferastes	440	425	365	292	195
Entfernung der Gelenkpfanne des Unterkiefers vom Hinterrand des Articulare (über die Krümmung gemessen)	170	130	115	98	95
Größte Breite der Unterkiefergelenkpfanne	59	64	51	37	19
Länge des Foramen mandibulare externum	52	52	44	33	25
Höhe des Foramen mandibulare externum	34	29	23	15	10
Entfernung vom Hinterrand des Foramen mandibulare bis zum Hinterende des Articulare	235	239	192	153	101
Größte Höhe des Unterkieferastes	87	95	75	51	32
Gesamtlänge des Articulare (innen gemessen)	183	191	150	110	71
Breite der Symphyse am zweiten Zahn	97	102	68	52	33
Breite der Symphyse zwischen dem zweiten u. dritten Zahn . .	73	79	53	44	24
Breite der Symphyse am dritten Zahn	79	77	57	45	26
Breite der Symphyse zwischen dem dritten und vierten Zahn . .	68	72	50	42	23
Breite der Symphyse am vierten Zahn	74	76	56	43	26
Breite der Symphyse am achten Zahn	71	72	53	39	25
Breite der Symphyse zu ihrem Beginn	126	131	108	68	49
Länge der Bullae des Männchens	70	68	54	—	—
Höhe der Bullae des Männchens	54	56	29	—	—
Breite der Bullae des Männchens	50	51	38	—	—

Maßtabelle für *Tomistoma schlegeli* S. Müll.

No. 370 1907 und 372 1907 stammen aus den Batang Loepar-Seen (Central-Borneo), No. 202 1907 und 232|1909 aus dem Sultanat Doli, Sumatra O. K., alle anderen aus dem Kapoaes-Gebiet, Borneo. (Maße in Millimetern.)

	370|1907	372|1907	252|1907	375|1907	376|1907	2/o	1/o	373|1907	385|1907	203|1907	232|1909	374|1907	201|1907	200|1907	207|1907	371|1907	202 1907	519|1911
Vom Condylus occipitalis bis zur Schnauzenspitze	825	795	716	775	712	665	710	718	610	591	495	617	594	578	—	625	198	83
Vom Hinterrand des Supraoccipitale bis zur Schnauzenspitze	815	770	690	765	685	640	674	691	590	585	480	600	561	556	535	605	196	80
Von d. Außenecke d. Condylus maxill. bis z. Schnauzenspitze	905	870	780	825	750	716	740	780	645	635	525	641	625	610	578	650	203	89
Länge des Schädeldachs	130	130	105	112	102	98	100	103	91	87	71	88	85	84	76	85	31	17
Vordere Breite des Schädeldachs	135	140	122	128	110	100	115	115	90	97	80	95	93	95	82	95	30	17
Hintere Breite des Schädeldachs	195	195	175	183	153	147	170	172	123	138	108	140	126	134	119	131	40	20
Längsdurchmesser der Supratemporalgruben	54	58	50	52	45	45	47	42	42	40	31	40	35	40	35	39	14	8,5
Querdurchmesser der Supratemporalgruben	48	56	48	48	41	42	51	42	34	35	27	40	37	37	31	35	6,5	3,5
Breite der schmalsten Stelle des Parietale	15	15	20	17	14	13	13	17	9	13	13	12	13	14	10	12	9	8,5
Abstd. d. vord. Außenecke d. Postfront. v. Vorderrand d. Orbita	100	92	85	93	82	78	83	85	70	70	58	68	65	68	66	71	26	16
Längsdurchmesser der Orbita	100	92	82	86	79	75	85	85	68	69	56	66	65	69	65	71	26	16
Querdurchmesser der Orbita	70	68	60	68	59	53	55	57	45	48	40	48	47	45	46	49	19,5	12
Geringste Breite des Interorbitalspatiums	47	46	40	42	32	32	38	38	27	32	25	31	27	27	26	28	5,5	2,5
Abstand der Vorderecken der Orbitae voneinander	95	96	76	90	70	66	75	85	57	65	55	64	59	56	54	60	19	10
Höhe des Postorbitalpfeilers	57	50	40	45	40	36	37	42	28	37	25	30	30	29	27	28	9	5
Längsdurchmesser des Foramen postorbitale	68	67	58	54	52	52	50	49	44	46	33	40	41	42	37	43	14	7
Höhendurchmesser des Foramen postorbitale	49	45	34	44	35	34	37	37	28	34	23	30	27	25	23	26	8	3,5
Abstand einer Hinterecke des Schädeldachs von der Außenecke des Occipitale laterale der gleichen Seite	98	77	72	91	64	61	62	67	56	52	45	56	52	47	48	55	13	3,5
Abstand einer Hinterecke des Schädeldachs von der Außenecke des Condylus maxillaris der gleichen Seite	170	152	121	140	112	111	109	130	95	95	74	95	88	85	83	90	21	7
Breite des Condylus maxillaris	80	75	65	69	52	51	59	62	43	46	85	44	43	42	37	45	10	4
Höhe des Hinterhauptes (von dem Oberrand des Squamosum bis zum Unterrand des Occipitale laterale)	90	82	65	73	60	56	64	68	50	62	42	55	52	47	45	53	16	8
Länge des Condylus occipitalis	40	48	38	40	29	30	32	31	22	25	20	25	23	23	—	27	7	2,5
Höhe des Condylus occipitalis	36	35	27	33	27	25	29	30	21	23	17	23	20	21	—	23	5	1,5
Breite des Condylus occipitalis	43	46	41	42	36	32	39	36	29	32	27	28	28	30	—	29	8	5
Größte Breite des Basioccipitale (unterhalb des Condylus)	80	72	57	73	60	51	62	60	45	49	36	47	45	45	38	49	10	6,5
Geringste Höhe des Iugale	39	34	28	35	28	22	27	32	21	21	15	24	19	20	18	22	5	2
Abstand der Außenecken des Condyli maxillaris voneinander	380	345	312	353	280	275	307	317	235	250	181	248	226	229	205	233	59	28
Größte Schädelbreite in der Region der Postorbitalpfeiler	290	265	220	245	200	190	217	220	162	180	121	178	156	156	140	158	46	25

12*

	370|1907	372|1907	252|1907	375|1907	376|1907	2/0	1/0	373|1907	385|1907	203|1907	232|1909	374|1907	201|1907	200|1907	207|1907	371|1907	202|1907	519|1911
Schädelbreite in der Region der Vorderecken der Orbitae	230	210	176	205	155	136	168	175	117	125	92	125	122	110	100	118	32	12,5
Entfern. v. d. Vorderecke einer Orbita b. z. Schnauzenspitze	590	580	525	565	520	486	520	525	447	435	360	450	433	420	397	455	142	50
Schnauzenbreite i. d. Gegend d. zehnten Zahnes d. Maxillae	170	140	101	132	95	68	100	102	57	83	51	68	60	67	52	65	16	11
Schnauzenbreite i. d. Gegend d. fünften Zahnes d. Maxillae	135	110	90	112	80	67	81	87	55	60	44	57	52	48	47	52	14	7
Schnauzenbreite i. d. Gegend d. ersten Zahnes d. Maxillae	92	79	68	80	57	53	60	62	40	46	35	45	40	40	36	43	12	6
Abstand d. ersten Zahnes d. Maxillae v. d. Schnauzenspitze	160	155	140	142	135	113	130	135	108	104	80	113	105	106	95	105	34	14
Breite der Praemaxillen kurz vor dem ersten Maxillarzahn	80	68	57	68	45	47	50	50	37	40	28	38	33	35	32	37	10	5,5
Breite d. Praemaxillen i. d. Gegend d. zweiten Praemaxillarzahns (beim jung. *T. schlegeli* beim dritt. Praemaxillarzahn)	100	87	80	90	63	63	67	72	52	58	43	54	50	51	44	51	14	7
Längsdurchmesser der Nasalapertur	50	44	42	40	35	33	39	40	31	34	24	29	31	26	28	29	9	4
Querdurchmesser der Nasalapertur	46	38	34	38	30	27	31	30	23	26	19	26	23	25	20	25	6	3
Längsdurchmesser der Choanen	33	30	23	28	24	21	21	26	26	26	16	26	27	24	19	28	7	3,5
Querdurchmesser der Choanen	36	29	34	25	25	22	19	18	20	22	16	21	25	23	16	25	5	2,3
Längsdurchmesser der Palatingruben	160	139	132	148	138	122	140	135	115	110	95	116	103	105	100	116	37	17
Querdurchmesser der Palatingruben	60	58	54	60	51	42	50	55	37	43	28	41	40	37	33	39	10	5
Breite der Palatina (an der schmalsten Stelle)	49	39	34	43	33	30	35	32	26	28	19	26	26	23	20	25	6	3
Länge der Unterkiefersymphyse	430	415	385	—	375	362	380	—	—	325	275	348	325	321	312	—	110	39
Länge eines Unterkieferastes	580	555	475	—	463	430	465	—	—	380	332	—	367	358	338	—	115	50
Entfernung der Gelenkpfanne des Unterkiefers vom Hinterende des Articulare (über die Krümmung gemessen)	138	144	129	—	110	115	105	—	—	80	55	—	88	82	81	—	21	9
Größte Breite der Unterkiefergelenkpfanne	80	74	68	—	57	59	60	—	—	52	38	—	48	45	41	—	10	5
Länge des Foramen mandibulare externum	100	97	92	—	70	78	90	—	—	65	46	—	63	59	60	—	17	7
Höhe des Foramen mandibulare externum	40	36	42	—	26	26	40	—	—	28	15	—	25	26	23	—	5	3
Entfernung vom Hinterrand des Foramen mandibulare bis zum Hinterende des Articulare	256	255	210	—	202	190	207	—	—	159	136	—	160	155	146	—	43	17
Größte Höhe des Unterkieferastes	133	129	109	—	93	82	95	—	—	77	60	—	72	70	63	—	17	9
Gesamtlänge des Articulare (innen gemessen)	232	220	172	—	165	161	170	—	—	128	102	—	129	125	116	—	31	10
Breite der Symphyse am zweiten Zahn	83	73	77	—	60	53	65	—	45	52	42	49	46	45	39	—	13	7
Breite der Symphyse zwischen dem zweiten und dritten Zahn	75	64	63	—	53	45	54	—	36	43	32	39	38	35	30	—	10	6
Breite der Symphyse am dritten Zahn	76	64	64	—	52	47	53	—	37	42	35	40	37	36	31	—	11	6,5
Breite der Symphyse zwischen dem dritten und vierten Zahn	75	63	58	—	50	44	50	—	35	37	30	37	35	33	38	—	9	6
Breite der Symphyse am vierten Zahn	86	68	70	—	60	51	60	—	40	45	34	44	42	41	44	—	11	6,5
Breite der Symphyse am achten Zahn	99	91	68	—	60	44	64	—	37	38	34	44	40	38	35	—	10,5	5,5
Breite der Symphyse zu ihrem Beginn	176	165	123	—	118	85	115	—	—	88	62	85	80	76	70	—	20	8,5

Masstabelle von Crocodilus porosus Schneid.

(In Millimetern.)

(T = Timor, N.M. = Neu-Mecklenburg, Bismarck-Archipel, Bu = Buru, Bo = Borneo, Su = Sumatra, Ja = Java.)

Die eingeklammerten Zahlen bedeuten, daß die Maße nur annähernd stimmen, da die Schädel an der betreffenden Stelle etwas verletzt sind

	141/0 ?	639/1911 T♂	248/1912 NM.	6/0 Ja.	219/1912 T♀	220/1912 T♀	193/1908 Bu.	253/1907 Bo.	124/1912 Su	180/1908 Su.	200/1908 Ja.	220/1908 Su.	226/1908 Su.	201/1908 Ja.	221/1908 Su.	202/1908 Ja.	199/1908 Ja.	225/1908 Su.	267/1907 Su.	125/1912 Su.	241/1908 Su.	243/1908 Su.
Vom Condylus occipitalis bis zur Schnauzenspitze	621	568	(572)	535	446	435	431	465	395	392	386	379	373	351	369	318	270	185	170	160	116	77
Vom Hinterrand des Schädels bis zur Schnauzenspitze	605	552	548	502	430	420	422	445	379	380	373	365	361	340	360	310	264	181	164	156	114	74
Von d. Außenecke d. Condylus maxill. bis zur Schnauzenspitze	700	624	638	585	482	475	470	511	425	425	413	405	395	382	400	340	287	192	180	162	119	78
Länge des Schädeldachs	120	112	119	100	81	83	78	86	70	72	70	68	68	61	70	59	50	36	33	31	23	16
Vordere Breite des Schädeldachs	135	125	134	118	88	95	83	98	78	79	79	76	75	71	75	59	58	37	39	31	22	16
Hintere Breite des Schädeldachs	188	162	178	154	112	122	110	125	97	104	101	85	100	88	95	82	69	42	42,5	37	24	21
Längsdurchmesser der Supratemporalgruben	47	30	38	36	31	27	29	31	24	27	25	25	25	23	27	21	18	15	15,5	13	11	8
Querdurchmesser der Supratemporalgruben	40	39	38	40	30	31	31	33	26	29	26	25	25	23	27	22	18	11	12,5	10	7	3
Geringste Breite des Parietale zwischen den Gruben	24	26	26	21	11	15	13	12	11	13	10	13	12	13	9	11	10	7	8	9	9	8
Längsdurchmesser der Orbita	72	72	83	73	60	61	63	60	52	53	52	50	49	46	51	45	39	30	30	29	22	17
Querdurchmesser der Orbita	54	52	49	45	42	45	41	43	39	41	39	39	40	33	38	32	28	24	25	22	16	13
Breite der schmalsten Stelle des Frontale	64	57	62	51	38	44	35	45	34	32	30	28	30	27	30	26	22	10	12	8,5	5	3
Abstand der Vorderecken der Orbitae voneinander	92	100	101	86	69	68	72	81	65	65	65	60	64	56	62	46	49	39	40,5	29	20	14
Höhe des Postorbitalpfeilers	42	39	40	34	31	32	32	31	26	29	26	24	28	22	27	18	17	13	12	10	8	5
Längsdurchmesser der Postorbitalgrube	51	40	42	43	31	26	33	29	26	27	24	26	24	25	30	22	17	13	14	12	8	6
Höhendurchmesser der Postorbitalgrube	44	33	36	33	30	28	27	29	24	26	22	24	23	20	24	17	15	12	8,5	10	7	5
Abstand der Hinterecken der Exoccipitalia voneinander	237	216	233	202	157	168	151	170	131	137	137	116	138	115	131	102	87	55	50	48	34	22
Abstand der Hinterecke des Schädeldachs von der Außenecke des Condylus maxillaris	130	139	153	130	96	105	92	101	76	79	81	72	73	64	68	62	47	26	27	24	15	10,5
Breite des Condylus maxillaris	70	67	67	59	45	52	47	46	—	39	36	36	35	31	36	28	23	13	12,5	11,5	8	5
Höhe des Hinterhauptes (neben der Condylus occipitalia)	76	77	95	75	60	58	54	59	50	51	48	45	49	41	44	(42)	32	20	19	20	14	10
Gesamthöhe des Hinterhauptes	165	155	163	141	99	112	104	112	92	90	99	87	88	83	84	(77)	62	36,5	37	42,5	23	18
Länge des Condylus occipitalis	34	35	(29)	30	25	28	25	25	20	20	21	20	20	18	20	17	15	11	8	9	6	3
Höhe des Condylus occipitalis	33	31	29	32	20	23	21	27	16	18	18	15	15	15	15	14	12	7	7	6	4,5	3
Breite des Condylus occipitalis	41	39	(33)	40	28	31	28	32	21	25	26	24	22	23	23	19	18	10	11	10	7,5	4
Höhe des Basioccipitale	91	68	79	77	55	58	48	62	40	52	48	44	43	36	37	35	32	18,5	21	17	13	9
Größte Breite des Basioccipitale	71	66	72	58	48	46	40	51	39	39	38	36	34	33	36	32	27	17,5	17	15	10,5	8
Höhe des Foramen magnum	23	29	21	20	18	21	23	15	21	20	19	16	18	15	17	15	12	8	9	8,5	6,5	4
Breite des Foramen magnum	28	28	27	28	22	25	24	23	21	21	19	19	19	18	20	16	15	11	11	12	8,5	6

	141|0 ?	659|1911 T♀	248|1912 NM.	6,0 Ja.	219|1912 T♀	220|1912 T♀	193|1908 Bu.	253|1907 Bo.	124|1912 Su.	190|1908 Su.	200|1908 Ja	220|1908 Su.	226|1908 Su.	201|1908 Ja.	221|1908 Su.	202|1908 Ja.	199|1908 Ja.	225|1908 Su.	267|1907 Su.	125|1912 Su.	241|1908 Su.	243|1908 Su.
Abstand der Außenecken des Condyli maxillares voneinander	320	305	330	285	223	250	214	235	184	192	186	165	170	149	170	138	117	72	66	71,5	44	28
Größte Schädelbreite in der Region der Postfrontalpfeiler	274	250	260	231	176	196	170	191	149	162	155	139	143	130	149	121	101	64	65	59	41	29
Schädelbreite in der Region der Vorderecken der Orbitae	240	239	234	206	157	173	150	171	130	141	136	119	125	112	124	101	84	54	54	50	33	23
Schnauzenbreite a. d. Einschnür. hint. d. siebent. Maxillarzahn	190	190	184	162	120	132	110	130	98	108	104	87	91	83	94	74	62	41	43	40	17	19,5
Schnauzenbreite beim fünften Maxillarzahn	200	194	200	171	123	137	116	131	102	112	107	92	96	79	97	74	63	43	43	39	27	19
Schnauzenbreite an der Kerbe für den vierten Mandibularzahn	116	108	113	97	70	77	61	74	55	57	55	49	53	46	53	40	35	24	39	22	16	11,5
Größte Breite der Praemaxillarregion	130	135	138	120	90	97	77	92	69	76	70	66	70	56	65	52	43	28	26	26	18,5	13
Länge der Praemaxillen (von der Kerbe für den vierten Mandibularzahn bis zur Schnauzenspitze gemessen)	118	123	126	102	87	88	80	87	71	72	70	67	70	65	71	60	50	33	29	28	21	19
Entfernung des fünft. Maxillarzahn. von der Schnauzenspitze	244	220	225	204	174	168	163	180	140	150	145	134	136	128	140	118	102	68	64	59	43	28
Entfernung der Vorderecke einer Orbita v. d. Schnauzenspitze	430	390	385	350	305	291	292	325	265	264	260	254	253	239	250	212	180	119	107	99	70	42
Längsdurchmesser der Nasalapertur	76	61	67	58	46	48	44	54	37	40	39	36	34	34	38	29	25	16,5	16	14	10	7
Querdurchmesser der Nasalapertur	50	44	47	42	31	34	31	37	26	25	28	23	23	21	24	20	21	9	10,5	10	7	4
Längsdurchmesser der Palatingruben	153	125	139	137	106	105	103	112	102	97	89	90	88	83	90	78	61	45	43	41	29	20
Querdurchmesser der Palatingruben	59	47	58	49	32	35	36	42	31	34	33	28	30	29	31	26	22	14	16	13,5	10	7
Geringste Breite der Palatina (zwischen den Gruben)	57	60	54	51	41	43	36	37	29	30	32	28	28	25	28	21	22	11,5	12	12	7	5
Abstand der Vorderecken der Palatingruben voneinander	106	103	108	101	68	73	74	77	57	63	58	54	54	49	56	43	34	23	27	23	17	11
Abstand der Hinterecken der Pterygoidea voneinander	223	205	224	190	154	165	139	150	117	133	124	115	118	104	119	97	75	50	49	46	32	22
Längsdurchmesser der Choanen	18	21	20	18	15	—	16	11	12	12	14	14	11	10	12	9	10	8	6	7	5	3
Querdurchmesser der Choanen	43	42	37	35	34	30	26	30	18	21	23	15	19	16	20	18	14	11	9	9	5	3
Gesamtlänge des Unterkiefers	763	695	715	655	525	545	520	570	460	470	460	440	445	415	440	370	315	208	195	179	129	83
Länge des Symphysenteiles	124	116	127	104	85	85	80	88	74	74	80	70	72	63	69	56	48	29	29	28	18	11,5
Entfernung der Gelenkpfanne vom Hinterende des Articulare	93	95	103	97	68	88	68	73	55	64	60	54	58	52	55	45	37	22,5	22	18	13	8
Größte Höhe eines Unterkieferastes	119	111	116	101	74	79	69	84	60	63	65	58	57	53	59	49	41	24	23,5	21	19	10
Gesamtlänge des Articulare (innen gemessen)	210	198	205	178	130	144	122	136	103	108	106	99	105	92	95	78	64	36	36	31	20	13
Querdurchmesser der Gelenkpfanne	82	81	78	71	48	54	48	53	40	45	42	38	41	39	37	35	29	14	10	13	8	6
Breite der Symphyse beim vierten Unterkieferzahn	128	118	133	111	83	95	73	88	65	70	67	62	67	53	63	50	41	26	27	25	18	12
Entfernung des Innenrandes der Gelenkpfanne voneinander	170	175	185	160	138	151	116	140	97	122	109	100	102	82	107	80	71	47	53	40	32	22
Entfern. d. Articularhinterenden voneinander (innere Seite)	215	205	275	177	155	181	122	150	110	145	135	99	117	96	124	95	84	52	53	41	36	23
Längsdurchmesser des äußeren Foramen mandibulare	79	76	80	67	54	53	56	52	44	44	41	45	39	40	40	28	28	20	16	19	13	7
Querdurchmesser des äußeren Foramen mandibulare	30	25	29	28	19	23	20	18	17	16	13	15	15	17	14	14	11	7	7	7,5	5	3
Längsdurchmesser des inneren Foramen mandibulare	49	46	47	62	37	37	36	34	35	33	32	38	38	28	31	25	19	15	31	13	8	6,5
Querdurchmesser des inneren Foramen mandibulare	17	14	14	19	9	10	13	11	10	11	10	10	11	9	11	8	6	4	17	2	2	1,5

Masstabelle von Crocodylus vulgaris Cuv.

O. A. = Ost-Afrika, Lado = Lado-Enklave, Sud. = Sudan, Cavally = Cavally-Fluß, W. Afrika, Kam. = Kamerun, Ägypt. = Ägypten, D. S. W. A. = Deutsch Südwest-Afrika.

	O. A. 43|1914	O. A. 39|1914	Kam. 227|1908	O. K. 45|1914	O. A. 44|1914	Lado 195|1908	O. A. 46|1914	O. A. 48|1914	O. A. 36|1914	O. A. 38|1914	O. A. 37|1914	O. A. 42|1914	O. A. 41|1914	Sud. 249|1913	Cavally 54I|1909	Sudan R. 242|1913	Ägypt. 51|0	Kam. 52|0	D.S.W.A. 4|1909
	mm	mm	mm	mm	mm	mm	mm	mm	mm	mm	mm	mm	mm	mm	mm	mm	mm	mm	mm
Vom Condylus occ. bis zur Schnauzenspitze	556	585	—	550	445	413	497	—	425	—	—	390	300	296	311	302	408	—	258
Vom Hinterrand des Cranialsegments bis zur Schnauzenspitze	543	552	570	538	427	428	478	45	416	405	410	380	286	288	302	295	397	440	250
Von der Aussenecke des Quadratgelenks bis zur Schnauzenspitze	620	640	—	600	485	487	546	52	475	460	470	421	318	317	336	319	440	495	274
Länge des Schädeldachs	120	107	121	103	82	85	98	90	83	84	80	76	54	58	68	557	72	102	47
Vordere Breite des Schädeldachs	119	124	125	137	93	97	107	98	102	91	91	83	65	59	73	66	84	100	55
Hintere Breite des Schädeldachs	160	145	175	165	109	109	116	121	116	108	103	100	71	74	79	73	105	117	59
Längsdurchmesser der Supratemporalgruben	53	56	50	47	27	32	41	42	34	32	35	34	23	23	29	22	33	45	21
Breitendurchmesser der Supratemporalgruben	37	38	41	46	26	26	34	32	31	24	26	26	21	19	19	20	26	25	16
Breite der schmalsten Stelle des Parietale	15	10	14	12	12	8	13	10	11	13	10	8	9	9	12	7	9	13	9
Abstand der Postfrontalecke vom Vorderrand der Orbita	77	76	79	80	61	61	73	65	63	57	58	57	49	42	48	43	53	57	39
Längsdurchmesser der Orbita	77	80	82	83	61	61	71	68	61	61	57	57	45	43	45	43	53	61	38
Querdurchmesser der Orbita	50	49	57	61	40	43	50	51	44	39	41	38	33	30	32	34	34	39	28
Breite der schmalsten Stelle des Frontale	72	71	70	76	45	43	55	50	53	51	43	38	27	24	28	24	42	54	22
Abstand der Vorderecken der Orbitae voneinander	95	106	113	105	82	82	99	90	85	84	76	72	56	51	58	54	79	83	48
Höhe der Postorbitalsäule	45	43	45	55	31	30	44	43	38	35	34	31	22	20	21	22	29	34	16
Längsdurchmesser der Postorbitalgrube	42	40	44	38	32	36	37	32	34	30	34	30	23	19	24	20	24	30	18
Höhendurchmesser der Postorbitalgrube	40	38	40	50	31	30	40	39	39	36	38	30	23	18	20	21	30	33	19
Abstand d. Hinterecke d. Schädeldachs v. d. Hinterecke d. Exoccipitalia	75	76	80	98	52	48	73	65	54	55	52	46	33	26	31	34	48	44	32
Abstand der Hinterecke des Schädeldaches von der Aussenecke des Condylus maxillaris	142	147	—	149	105	101	131	119	98	106	103	88	65	49	60	60	87	96	52
Breite des Condylus maxillaris	70	70	—	69	50	45	63	—	37	48	50	42	30	28	26	27	47	52	23
Höhe des Hinterhauptes dicht neben dem Condylus occipitalis gemessen	98	89	82	90	65	59	79	68	59	70	64	54	42	36	38	33	52	—	29
Länge des Condylus occipitalis	35	35	—	35	27	25	30	—	25	—	—	23	18	16	19	18	27	—	15
Höhe des Condylus occipitalis	42	36	—	30	25	21	27	—	21	—	—	18	14	11	14	14	22	—	11
Höhe des Basioccipitalfortsatzes	46	46	55	55	30	31	41	41	35	36	28	327	21	23	24	21	38	—	20
Größte Breite des Basioccipitalfortsatzes	43	64	57	68	50	49	62	50	46	50	45	42	31	29	30	30	45	—	26
Größte Höhe des Iugale	69	74	61	65	44	43	57	56	46	47	46	37	28	27	29	28	47	51	24
Geringste Höhe des Iugale	46	44	42	50	26	23	45	33	27	29	29	23	15	15	14	16	27	33	14
Abstand der Aussenecken der Condyli maxillares	320	336	—	325	235	227	286	—	223	224	240	213	147	127	146	135	230	227	121
Größte Schädelbreite in der Region der Postorbitalpfeiler	250	270	255	288	182	176	233	216	192	186	182	160	124	108	124	119	182	196	101
Schädelbreite in der Region der Vorderecken der Orbitae	235	253	225	242	166	151	211	186	168	159	160	143	109	92	106	101	155	—	82
Entfernung einer Vorderecke einer Orbita v. d. Schnauzenspitze	372	397	400	360	293	297	335	314	288	280	285	259	192	197	204	200	275	305	168
Schnauzenbreite in der Gegend des zehnten Maxillarzahnes	222	230	210	228	151	135	195	166	157	149	151	137	104	88	99	95	142	—	80
Schnauzenbreite in der Gegend des fünften Maxillarzahnes	190	200	192	200	120	107	171	138	133	128	121	112	85	75	81	73	125	131	62

Messung	O.A. 43|1914	O.A. 39|1914	Kam. 227|1908	O.A. 45|1914	O.A. 44|1914	Lado 195|1908	O.A. 46|1914	O.A. 48|1914	O.A. 36|1914	O.A. 38|1914	O.A. 37|1904	O.A. 42|1914	O.A. 41|1914	Süd. 249|1913	Cavally 541|1909	Sudan R 242|1918	Ägypt. 51|0	Kam. 52|0	D.S.W.A. 4|1909
	mm	mm	mm	mm	mm	mm	mm	mm	mm	mm	mm	mm	mm	mm	mm	mm	mm	mm	mm
Schnauzenbreite in der Gegend hinter dem siebenten Maxillarzahn	181	197	158	190	120	103	172	140	133	124	123	112	83	74	80	74	117	119	63
Abstand des fünften Zahnes der Maxillen von der Schnauzenspitze	192	206	201	197	153	154	184	162	149	146	154	142	108	109	114	111	152	159	96
Breite d. Schnauze bei den Kerben für den vierten Unterkieferzahn	105	120	111	125	68	67	101	82	79	74	71	64	47	43	46	42	78	75	35
Breite der Praemaxillen	131	139	145	157	87	88	118	102	93	93	89	78	58	52	58	54	86	98	44
Größte Länge der Praemaxillen	158	175	163	166	134	132	161	131	120	125	130	108	83	69	79	96	111	120	76
Längsdurchmesser der Nasalapertur	56	66	60	69	44	45	52	49	47	47	48	40	31	27	30	30	43	43	26
Breitendurchmesser der Nasalapertur	54	51	52	61	35	38	47	48	35	37	37	31	21	18	22	20	31	39	16
Längsdurchmesser der Choanen	28	28	—	119	21	17	24	21	anormal	21	17	16	12	13	14	12	14	—	13
Breitendurchmesser der Choanen	43	42	26	31	30	32	43	33	anormal	35	31	30	20	20	18	15	26	—	15
Längsdurchmesser der Palatingruben	134	152	150	142	109	99	114	119	109	97	98	89	67	74	76	70	99	—	59
Breitendurchmesser der Palatingruben	56	72	65	64	44	35	52	49	45	44	40	37	29	26	28	23	40	—	22
Geringste Breite der Palatina	44	40	37	35	30	32	43	30	29	28	29	28	22	16	21	20	28	—	14
Abstand der Vorderecken der Palatingruben voneinander	98	116	78	96	62	52	90	78	73	68	65	63	46	38	43	39	63	65	32
Abstand der Hinterecken der Pterygoidea voneinander	208	216	187	206	147	144	190	145	147	142	140	134	102	84	106	89	150	—	77
Länge des Pterygoids	160	165	159	137	84	81	102	98	80	81	79	71	53	42	55	51	76	—	40
Länge des Symphysenteiles der Mandibula	97	97	93	102	73	79	87	80	77	75	81	67	49	44	—	48	74	76	40
Länge eines Unterkieferastes	690	72	745	670	545	—	—	—	523	520	—	470	358	349	—	350	495	550	302
Entfernung der Gelenkpfanne vom Hinterende des Articulare	95	101	100	93	70	—	—	—	66	67	—	60	42	39	—	43	71	74	35
Grösste Höhe des Unterkieferastes	110	116	106	105	69	—	99	84	77	70	74	65	45	40	—	45	68	76	40
Gesamtlänge des Articulare (innen gemessen)	197	202	212	185	131	—	—	—	130	129	—	116	81	75	—	75	120	138	65
Querdurchmesser der Gelenkpfanne	79	72	—	77	55	—	70	—	51	53	55	46	31	28	—	30	52	56	25
Breite der Kiefer in der Gegend des vierten Unterkieferzahnes	127	133	130	138	83	81	110	94	95	86	87	73	58	51	—	52	85	92	45
Entfernung der Innenränder der Gelenkpfannen voneinander	180	210	—	190	131	—	160	—	127	128	142	137	91	78	—	84	145	—	79
Entfernung der Artikularhinterenden voneinander	190	230	170	212	142	—	—	—	154	154	—	137	97	91	—	84	163	—	86
Längsdurchmesser des äusseren Foramen mandibulare	61	82	78	80	47	—	56	56	49	41	49	43	36	26	—	36	55	46	29
Längsdurchmesser des inneren Foramen mandibulare	44	62	45	66	47	—	39	37	34	39	32	31	28	20	—	28	30	47	25
Höhendurchmesser des äusseren Foramen mandibulare	31	35	24	35	20	—	25	26	25	21	24	19	14	12	—	16	25	19	14
Höhendurchmesser des inneren Foramen mandibulare	17	21	14	24	14	—	14	14	10	14	13	10	7	6	—	8	13	14	6
Länge des Foramen incisivum	22	22	21	20	20	21	15	24	19	18	17	14	12	15	16	15	19	16	10
Breite des Foramen incisivum	21	24	—	21	12	14	16	22	15	15	15	13	9	6	8	13	14	16	6
Länge eines hinteren Gaumenflügels (gemessen von der Stelle, wo die Nähte des Iugale, Maxillare und Transversum zusammentreffen bis zur Spitze des Pterygoidflügels)	174	183	175	155	114	111	150	129	114	108	110	98	71	68	75	71	111	—	61
Breite des Condylus occipitalis	—	—	—	39	28	30	34	—	30	—	—	26	19	17	20	23	28	—	15
Abstand der Palatin-Pterygoidnaht vom Hinterrand des Pterygoids (hinter den Choanen)	—	—	—	99	82	67	95	82	87	73	76	69	50	39	51	49	68	—	43
Breite des Unterkiefers an den Articulare-Hinterecken (außen gemessen)	—	—	—	—	195	—	—	—	200	195	—	177	123	109	—	108	204	—	108

Tafelerklärung.

Tafel I.

Fig. 1a   *Tomistoma africanum*, Exemplar des Senckenbergischen Museums, von oben.
Fig. 1b   Der gleiche Schädel von unten.
Fig. 1c   Derselbe von der Seite.
Fig. 2   *Tomistoma tenuirostre L. Müll.*, Symphyse (Typus der Art).

    Die Photographien von *T. africanum* verdanke ich der Direktion des Senckenbergischen Museums.

Tafel II.

Fig. 1a   *Tomistoma cairense L. Müll.*, fast vollständiger Schädel der Stuttgarter Naturalien-Sammlung.
      (Typus der Art) von oben.
Fig. 1b   Der gleiche von unten.
Fig. 1c   Der gleiche von der Seite.
Fig. 2a   *Tomistoma cairense L. Müll.*, Schädeldach und linker Hinterhauptsflügel des zweiten defekten
      Schädels der Stuttgarter Naturaliensammlung.
Fig. 2b   Rostrum des gleichen Schädels von der Seite.
Fig. 3   *Tomistoma gavialoides Andrews*, Symphyse des Unterkiefers (Palaeontol. Sammlung, München).
Fig. 4a   *Tomistoma africanum Andrews*, Schädel der Stuttgarter Naturaliensammlung, von oben.
Fig. 4b   Unterseite des gleichen Schädels (ohne Rostrum).
Fig. 5a   *Crocodilus megarhinus Andrews*, Exemplar der Stuttgarter Naturaliensammlung, von oben.
Fig. 5b   Der gleiche Schädel von unten.
Fig. 5c   Der gleiche Schädel von der Seite.
Fig. 5d   Der gleiche Schädel von hinten.

Tafel III.

    Diese Tafel soll die Veränderungen, welchen der Schädel von *Tomistoma schlegeli S. Müll.* im Verlauf des Wachstums des Individuums unterworfen ist, veranschaulichen.

Fig. 1a   Schädel eines ganz jungen Individuums (519/1911 der Maßtabelle) von oben.
Fig. 1b   Derselbe von der Seite.
Fig. 2a   Schädel eines knapp zweijährigen Exemplars (202/1907 der Maßtabelle) von oben.
Fig. 2b   Derselbe von der Seite.
Fig. 3   Schädel eines bereits geschlechtsreifen, aber jüngeren Exemplares (385/1907 der Maßtabelle)
      von oben.
Fig. 4   Schädel eines alten Stückes (252/1907 der Tabelle) von oben.
Fig. 5a   Schädel eines ganz alten Exemplars (370/1907 der Tabelle) von oben.
Fig. 5b   Der gleiche Schädel von der Seite.
Fig. 6   Schädel eines zwar geschlechtsreifen, aber noch jüngeren Exemplares (200/1907 der Tabelle)
      von der Seite. Bei diesem Exemplar, sowie an den beiden jungen Tieren sind fünf Praemaxillar-
      zähne vorhanden.

    Die Schädel sind alle auf den gleichen Größen-Maßstab gebracht. Man kann deutlich sehen, wie die Schnauze im Verlauf des Wachstums des Individuums sich erst verschmälert und dann sich allmählich wieder verbreitert.

Fig. 1a   Fig. 1b   Fig. 1c

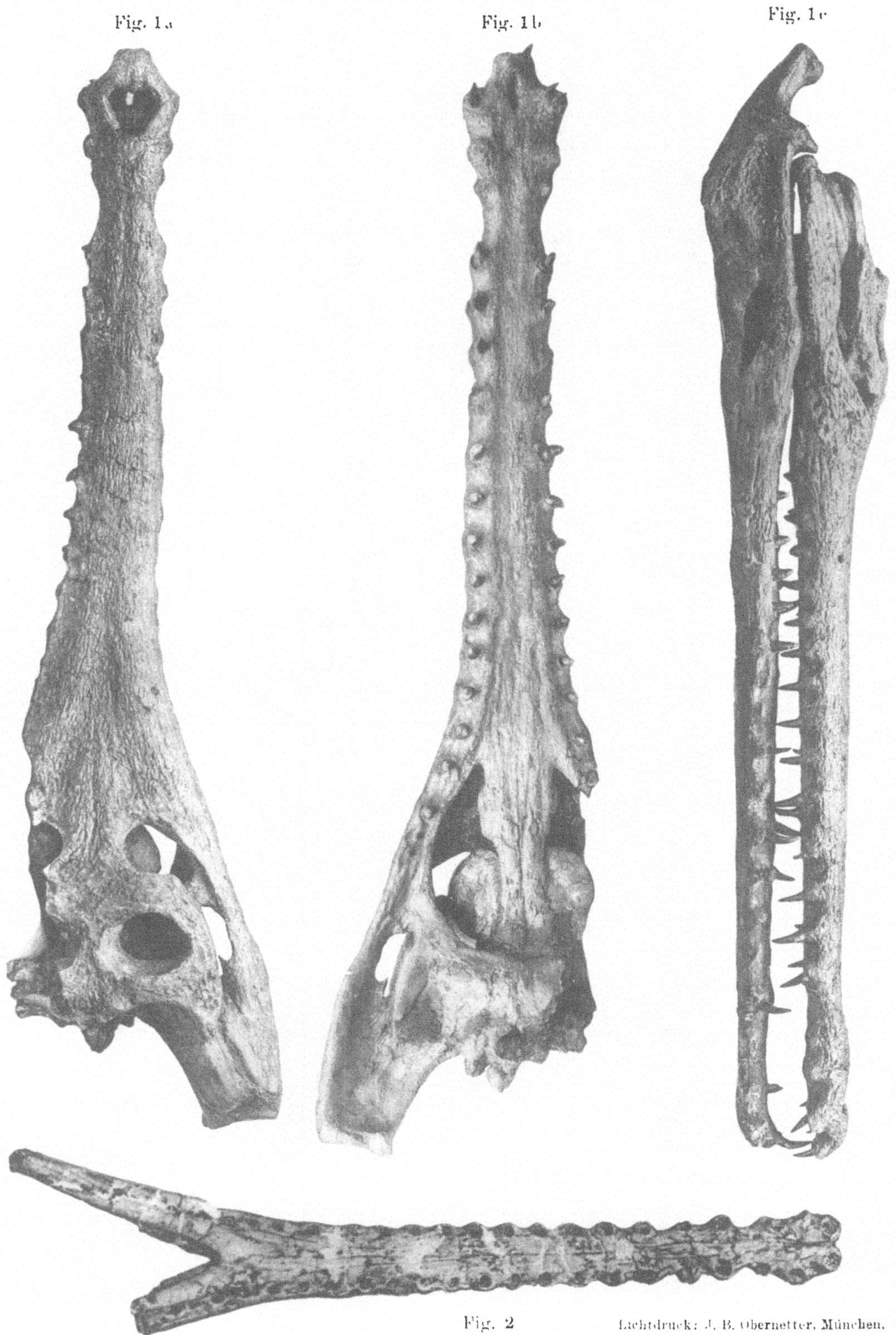

Fig. 2   Lichtdruck: J. B. Obernetter, München.

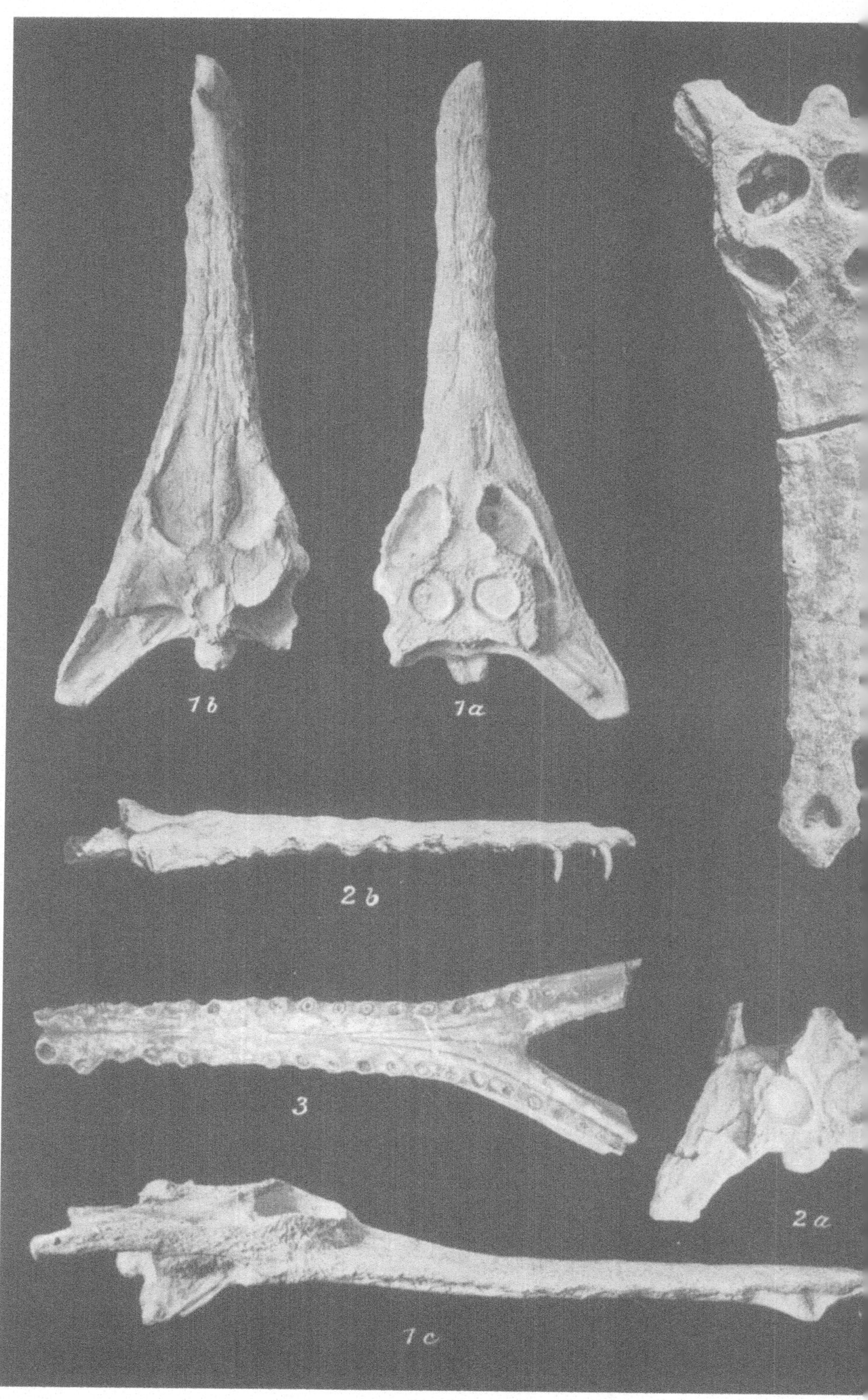

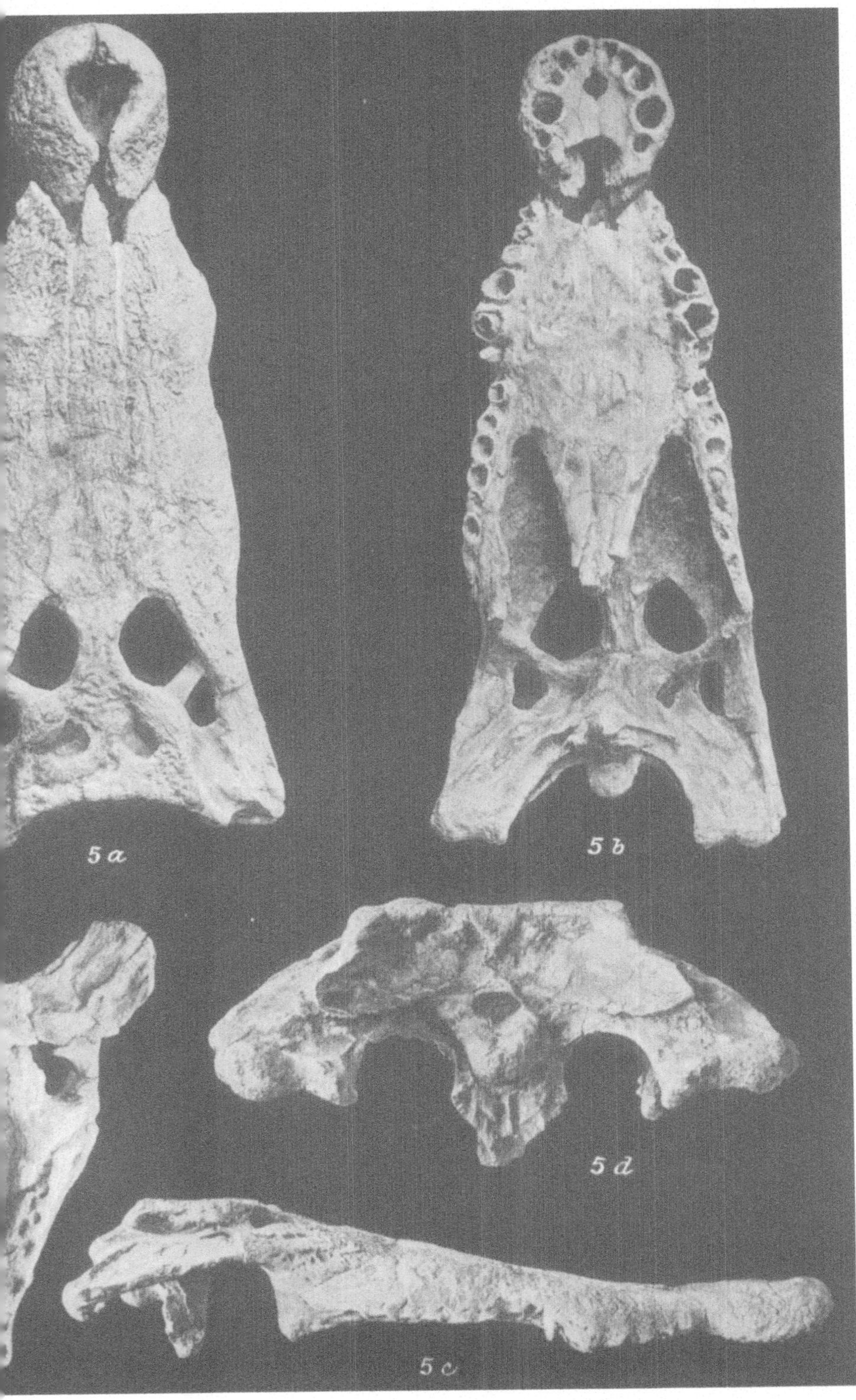
5 a
5 b
5 d
5 c

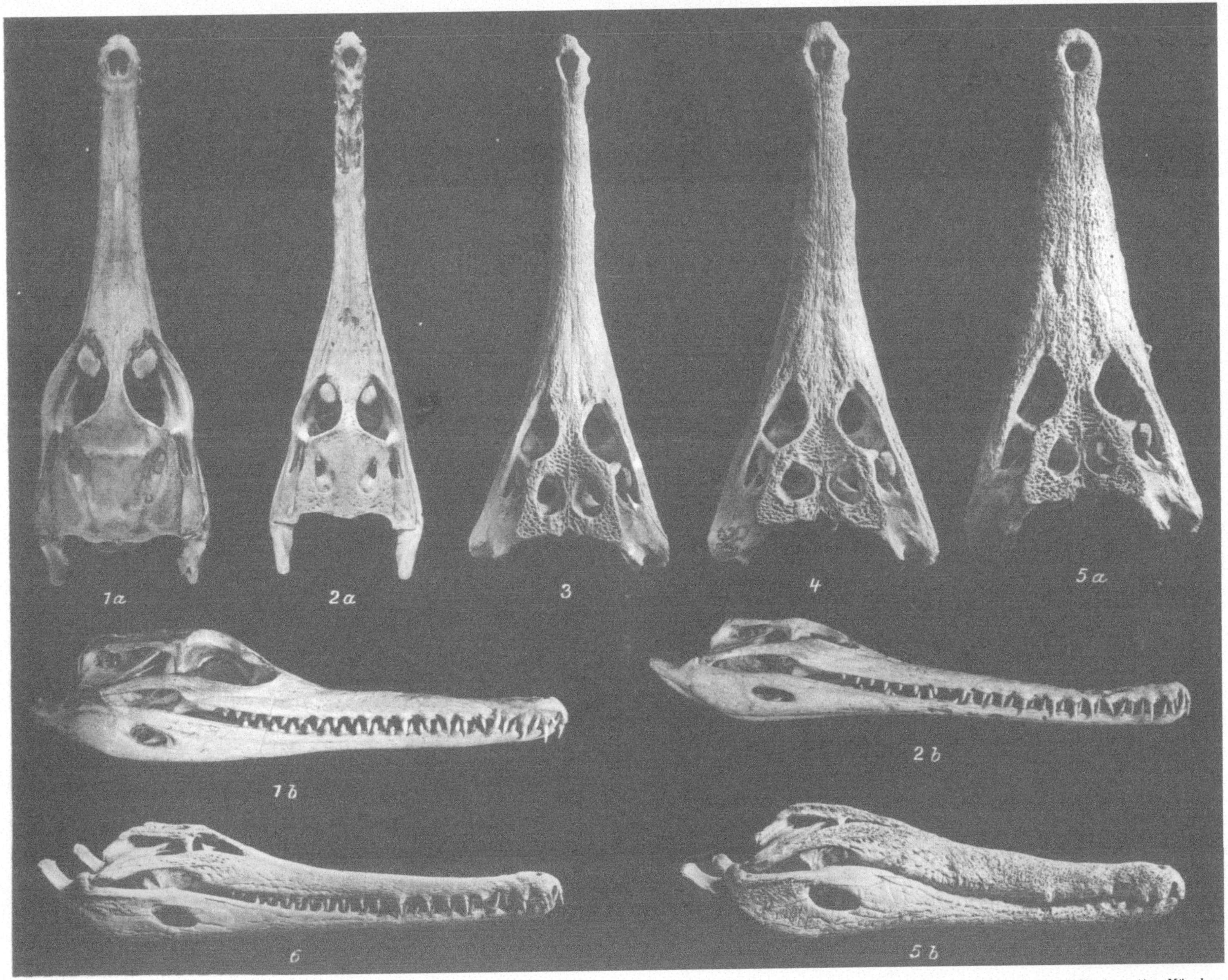

Abh. d. mathem.-naturw. Abt. XXXI. Bd. 2. Abh.

Printed and bound by CPI Group (UK) Ltd, Croydon, CR0 4YY

06/07/2026

02160007-0001